GRÜNE BAUMPYTHONS

MORELIA VIRIDIS • MORELIA AZUREA

Von Michèl Kroneis

Morelia a. azurea **– semiadultes Tier im Habitat (Insel Biak)**
Foto: D. Natusch

Inhalt

Bildnachweis:
Titelbild: Adultes Tier mit morphologischen Merkmalen von *Morelia a. pulcher* Foto: M. Kroneis
Kleines Bild: Jungtier von *Morelia viridis* Foto: M. Weier
Seite 1: Männchen von *Morelia a. pulcher* Foto: M. Kroneis

ISBN: 978-3-86659-514-9

2. aktualisierte Auflage 2023

An der Kleimannbrücke 39/41
48157 Münster
www.ms-verlag.de

Geschäftsführung: Matthias Schmidt
Lektorat: Kriton Kunz
Layout: Mirko Barts
Druck: Pario Print, Krakau

Vorwort

FAST magisch ziehen Grüne Baumpythons ihre Beobachter in den Bann. Ihr majestätisches Äußeres fesselt die Blicke und weckt Begehrlichkeiten in jedem Schlangenliebhaber. Dieses Buch soll eine erfolgversprechende Basis an Fachwissen vermitteln und somit als Leitfaden in eine artgerechte und naturnahe Haltung verstanden werden, um die Ansprüche dieser wundervollen Pythons zu erfüllen. Dabei berücksichtige ich die aktuellen Erfahrungen in Pflege und Zucht sowie die neuesten systematischen/taxonomischen Erkenntnisse. Der Traum eines „grünen Juwels“ im heimischen Terrarium soll durch dieses Buch greifbar und von beständigem Erfolg gekrönt sein – nicht zuletzt zum Wohl der Tiere.

Michèl Kroneis

Ein harmonisches Zuchtpaar der Unterart *Morelia a. pulcher* Foto: M. Kroneis

Grüne Juwele

***MORELIA** viridis* sowie *Morelia azurea* sind relativ klein gewachsene, ovipare (eierlegende) Pythons mit einer durchschnittlichen Gesamtlänge von 140–150 cm (Wilson 2006; O‘Shea 1996; Weier 2021). Der seitlich abgeflachte Körper in Verbindung mit einem langen Greifschwanz ist perfekt an ihre überwiegend arboricole (baumbewohnende) Lebensweise angepasst. Der massige Kopf setzt sich deutlich vom Körper ab. Als einzige Vertreter der Gattung *Morelia* tragen sie ein leuchtend grünes Kleid aus verhältnismäßig kleinen Schuppen. Lediglich direkt um das mit langen Zähnen ausgestattete Maul sind größere Schuppen angeordnet: Schnauzenschilde

***Morelia viridis* in naturnaher Haltung. Das Terrarium ist voll bepflanzt und gewährleistet ein stabiles Mikroklima, ähnlich dem natürlichen Habitat** Foto: M. Weier

(Rostrale), Nasenschilde (Nasale), Oberlippenschilde (Supralabiale) sowie Unterlippenschilde (Sublabiale). Letztere beherbergen die Labialgruben mit ihren thermorezeptiven Sensoren. Damit können die überwiegend nachtaktiven Pythons die Körperwärme ihrer Beute orten.

Weiße, blaue und gelbe Schuppen können über den gesamten Körper verteilt vorkommen, oft zu atemberaubenden Mustern und Zeichnungselementen verschmolzen. Lediglich die Bauchunterseite mit ihren großen Bauchschuppen (Ventralschilde) ist in der Regel einfarbig, nämlich hell cremeweiß bis gelb.

Jungtiere hingegen schlüpfen in gelben, roten, orangen oder kastanienbraunen Farbtönen (O'Shea 1996; Natusch & Lyons 2021). In ihr grünes Kleid wechseln *Morelia viridis* und *Morelia azurea* erst in einem Alter von etwa 12–18 Monaten und mit ca. 65 cm KRL (Kopf-Rumpf-Länge, also gemessen von der Schnauzenspitze bis zur Kloakenöffnung). Dies ist jedoch extrem variabel und wachstumsabhängig. Die Umfärbung kann bei einzelnen Tieren schon im Alter von wenigen Wochen langsam starten (pers. Beob.), bei anderen hingegen schleichend, erst nach Jahren abgeschlossen sein (*Morelia a. azurea*). Bei dieser ontogenetischen, also individuellen Umfärbung kann die

Männchen von *Morelia a. pulcher* mit sehr kontrastreicher Zeichnung. Nicht jede Linie bringt solche Tiere hervor. Foto: M. Kroneis

Natur spektakulärste Farben hervorbringen – doch nur für wenige Monate. Danach folgt das arttypische, grüne Schuppenkleid.

Wie bei Schlangen (Serpentes) üblich, häuten sich Grüne Baumpythons regelmäßig. Mit zunehmendem Alter verlängern sich die Abstände zwischen den Häutungen deutlich. Bei Jungtieren findet das Abstreifen der alten Haut alle 4–6 Wochen statt, adulte (geschlechtsreife) Pythons häuten sich nur noch drei- bis viermal pro Jahr. Bei roten Jungtieren kündigt sich die bevorstehende Häutung deutlich an und auch bei adulten Tieren ist die milchig trübe Optik nicht zu übersehen. An gelben Jungen hingegen bleibt diese Veränderung oft unentdeckt. Selbst die Eintrübung der Augen sieht man bei ihnen schlecht.

Verwandtschaft und Konvergenz

DIE wichtigsten Eckpfeiler der Namensgebung von *Morelia viridis* bis heute sind die Erstbeschreibung durch SCHLEGEL 1872 als *Python viridis* sowie die Umgruppierungen durch BOULENGER 1893 als *Chondropython viridis* bzw. KLUGE 1993 als *Morelia viridis*. Der Trivialname „Chondropython" war unter Terrarianern prägend und kommt weiterhin weltweit zum Einsatz, wenn er auch heute aus taxonomischer Sicht falsch ist.

Die nächsten Verwandten von *Morelia viridis* sowie *Morelia azurca* sind die austral-asiatischen Pythons und Gattungsgenossen *M. bredli*, *M. carinata*, *M. imbricata* sowie *M. spilota*. Eine ähnliche Körperform hat z. B. ihr naher Verwandter, der Dschungel-Teppichpython (*Morelia spilota cheynei*), der allerdings deutlich größer und schwerer wird. In Terrarienhaltung gedeiht diese Unterart des Teppichpythons in weitaus größeren Terrarien und bei etwas weniger Luftfeuchtigkeit als die Grünen Baumpythons.

Ein echter Verwandter, obwohl optisch sehr unterschiedlich: der Dschungel-Teppichpython, *Morelia s. cheynei* Foto: S. Arth

Von Anfängern oft verwechselt, aber dennoch nicht näher verwandt: einer der südamerikanischen Hundskopfschlinger, *Corallus batesii* Foto: T. Gehr

Gerne verwechselt mit Grünen Baumpythons werden die Grünen Hundskopfschlinger der Gattung *Corallus* (*Corallus caninus* und *C. batesii*). Die Gattung *Corallus* zählt ebenfalls mehrere Arten, von denen die Grünen Hundskopfschlinger die einzigen grünen Vertreter sind (Walls 1998) – eine weitere Parallele zu den Grünen Baumpythons. Auf den ersten Blick sind sich beide sehr ähnlich, doch bei näherer Betrachtung fallen etliche Unterschiede in Aussehen und Biologie auf:

Die südamerikanischen Hundskopfschlinger haben deutlich größere Schuppen auf der Kopfoberseite, eine länger gezogene Schnauze, stärker seitlich angeordnete Nasenlöcher, näher an der Lippe sitzende Labialgruben und längere Zähne. Sie gebären zudem schlupfreife Jungtie-

re (ovovivipar), während Grüne Baumpythons Eier absetzen, die außerhalb der Leibeshöhle durch das Muttertier bebrütet werden müssen. Die Schlüpflinge der Hundskopfschlinger sind bei der Geburt rot mit weißen Zeichnungselementen. Wie bei *Morelia viridis* und *Morelia azurea* färben sich die Jungschlangen später grün um.

Die Endgröße der Grünen Hundskopfschlinger liegt deutlich höher: Über 2 m Länge können diese Tiere erreichen (KIVIT & WISEMAN 2005). Die Haltung findet in sehr geräumigen Regenwaldterrarien oder Paludarien statt. Bemerkenswert ist, dass diese Arten ebenfalls die für Baumpythons typische, verschlungene Ruheposition einnehmen.

Die verblüffenden Ähnlichkeiten in Aussehen und Verhalten der beiden nicht näher miteinander verwandten Schlangengruppen (*Corallus* zählt zu den Booidea, *Morelia* zu den Pythonoidea) entstanden in Anpassung an ihre vergleichbare Lebensweise – das nennt man eine konvergente Entwicklung.

Morelia viridis vs. Morelia azurea

TAXOnomisch wurde die Welt der Grünen Baumpythons durch die extrem umfangreichen feldherpetologischen Untersuchungen von Daniel NATUSCH und Kollegen komplett auf den Kopf gestellt (NATUSCH et al. 2020). Vormals als nur eine Art beschrieben, sind die Grünen Baumpythons tatsächlich in zwei Linien aufgespalten, eine nördliche und eine südliche. NATUSCH et al. belegten dies anhand breit aufgestellter DNA-Analysen, die sie an 90 abgesammelten Exemplaren und 1.647 untersuchten Museumsexemplaren

Morelia viridis **in Art typischer Ruheposition. Deutlich ist der dunkel abgesetzte Dorsalstreifen dieser Art zu sehen.** Foto: M. Weier

Morelia a. pulcher **als Vertreter der nördlichen Linie mit deutlich ausgeprägter Rückenzeichnung – ein gutes Unterscheidungsmerkmal beider Arten** Foto: M. Kroneis

aus nahezu dem gesamten Verbreitungsgebiet gewonnen hatten. Die Tiere der nördlichen Linie sind nun der Art *Morelia azurea* (deutscher Name: Nördlicher Grüner Baumpython) zugeordnet, die der südlichen Linie der Art *Morelia viridis* (deutscher Name: Südlicher Grüner Baumpython).

Die Forscher untermauerten damit die bereits früher von anderen Wissenschaftlern unternommenen DNA-Analysen (Rawlings & Donnelan 2003; Rawlings et al. 2008). Diese Autoren waren jedoch noch von einer kryptischen Art ausgegangen, wohingegen Natusch und Kollegen auch morphologische Unterschiede beider Spezies nachweisen konnte.

Der zentrale Gebirgskamm, der sich diagonal von Westpapua bis in die südwestlichen Ausläufer von Papua-Neuguinea erstreckt, ist grob als geografische Barriere beider Populationen zu sehen.

Bei *Morelia azurea* beschrieben NATUSCH et al. darüber hinaus drei Unterarten, auf die ich weiter unten ausführlich eingehe.

In der Terraristik verbreitete Namen für Lokalformen, die rein anhand optischer Merkmale angesprochen wurden, verloren in der Folge ihre Berechtigung. Es gibt nur sehr wenige morphologische Merkmale, anhand derer die einzelnen Unterarten voneinander getrennt werden können – viel zu fließend sind die Übergänge in Farbgebung und Gestalt (NATUSCH et al. 2020, WEIER 2021).

Um *Morelia viridis* und *Morelia azurea* voneinander zu unterscheiden, lassen sich jedoch einige arttypische Besonderheiten heranziehen. Die Zeichnungselemente des Schuppenkleides, die Jugendfärbung sowie die Beschaffenheit des Greifschwanzes können eine grobe Einteilung unterstützen. Beschuppungsmerkmale dagegen haben zu große gemeinsame Schnittmengen, als dass ein Laie sie zur sicheren Bestimmung verwenden könnte. So sind Schuppenanzahl der Supralabiala (Oberlippenschilde), Infralabiala (Unterlippenschilde) Ventralia (Bauchschuppen) oder der Subcaudalia (Schuppen der Schwanzunterseite) bei beiden Arten recht ähnlich.

Im Porträt: *Morelia viridis*

DER Südliche Grüne Baumpython wurde ausschließlich südlich des Zentralmassivs nachgewiesen. Einer der am weitesten im Nordwesten gelegenen Fundorte ist die Aru-Inselgruppe, nach der früher eine Lokalvariante benannt war. Weiter reicht das Verbreitungsgebiet von Merauke über das zentrale Festland Indonesiens bis ins südöstliche Papua-Neuguinea, nach Fergusson und Normanby. Auch in Nordaustralien, auf der Halbinsel

Strahlend gelbes Jungtier von *Morelia viridis* mit typischer, unregelmäßiger Jugendzeichnung Foto: M. Weier

Adultes Exemplar von *Morelia viridis*. Deutlich sieht man auch hier den dunkel abgesetzten Rückenstreifen. Foto: M. Weier

Cape York, ist *Morelia viridis* zu finden, in der Iron Range. *Morelia azurea* dagegen fehlt auf dem Kontinent Australien.

Obwohl das Verbreitungsgebiet von *Morelia viridis* ca. 3.000 km überspannt, hat der Südliche Grüne Baumpython nachweislich keine Unterarten ausgebildet (Natusch et al. 2020). Auf dem indonesischen Festland sowie Papua-Neuguinea besiedelt er nicht nur die feuchten Primärregenwälder in Küstennähe, vorgelagerte Inseln oder den Dschungel des Landesinneren, sondern er wurde bis in Höhen von 2.000 m ü. NN angetroffen.

Der Kopf ist bei beiden Geschlechtern massig und imposant. Das Maul ist wie in der ganzen Gattung mit ca. 100 langen, spitzen Zähnen bestückt (Barker & Barker 1994). In der Gesamtlänge bewegt sich *Morelia viridis* im unteren Feld der Gattung *Morelia*. In artgerechter Terrarienhaltung kann man von einer maximalen mittleren Gesamtlänge von 150–180 cm ausgehen, je nach Geschlecht (Weier 2021). O`Shea (1996) gibt 145–150 cm als

Maximum an. WILSON (2006) hat in seinen feldherpetologischen Studien in Australien nicht weniger als 262 Tiere vermessen und dokumentiert. Das größte dabei gefangene Exemplar, ein Weibchen, hatte eine KRL von 1,42 cm und wog nur 617 g, was ebenfalls den relativ kleinen Wuchs der Art bestätigt, gerade was die Populationen südlicher gelegener Verbreitungsgebiete wie Cape York (Australien) betrifft.

Als Grundfärbung dominiert ein sattes, leuchtendes Grasgrün. Die breiten Schuppen der Bauchunterseite (Ventralia) sind bei Jungtieren einfarbig weiß, mit zunehmendem Alter kann diese Färbung punktuell von grünen und blauen Elementen aufgelockert werden. Die Rückenmitte entlang der Wirbelsäule ist in der Regel in einem dunkleren Grünton abgesetzt. Dieser markante, fast immer vorhandene Aalstrich

Semiadulter Vertreter von *Morelia viridis* während seiner spektakulären Umfärbung Foto: M. Weier

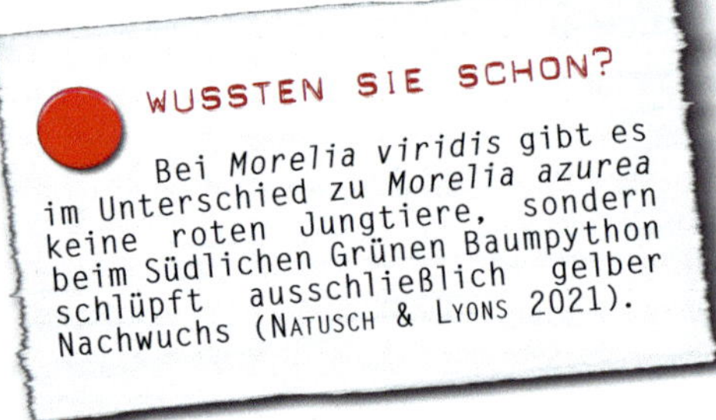
WUSSTEN SIE SCHON?

Bei *Morelia viridis* gibt es im Unterschied zu *Morelia azurea* keine roten Jungtiere, sondern beim Südlichen Grünen Baumpython schlüpft ausschließlich gelber Nachwuchs (NATUSCH & LYONS 2021).

ist nur wenige Schuppen breit, aber ein für die Bestimmung hilfreiches Merkmal der Art *Morelia viridis*.

Entlang dieses Saumes können weiße Schuppen vorhanden sein, zu Flecken und kleinen „Nestern“ angeordnet oder bei manchen Tieren als mehr oder weniger saubere Linie ausgebildet. Diese Musterung ist in Ausprägung und Intensität extrem variabel und nicht immer gegeben. Auch die Vererbung einer ähnlichen Optik auf die Nachkommen ist nicht gewiss – selbst bei Elterntieren mit viel Weiß können auch relativ einfarbig grüne Nachkommen schlüpfen.

Adultes Tier von *Morelia viridis*, gesichtet auf seinem Streifzug im natürlichen Habitat der Iron Range Nord-Australiens Foto: J. Julander

Die unteren Flanken hin zur Bauchbeschuppung können einzelne blaue Elemente aufweisen.

Die Schwanzspitze ist abgestumpft und bei Jungtieren fast schwarz gefärbt. Dies ergibt einen sehr starken Kontrast zum zitronengelben Schuppenkleid der Jungschlangen. Im Alter lässt dieser farbliche Kontrast immer stärker nach und löst sich in Grüntönen langsam auf. Die Jungtiere nutzen das Schwarz der Spitze ihres Schwanzes, um dadurch dessen aktiv schlängelnde Bewegungen – das sogenannte Luring – bei der Ansitzjagd optisch zu verstärken. Sie ködern damit gezielt potenzielle Beutetiere.

Entlang des Rückens haben Jungtiere von *Morelia viridis* dunkelbraune, unregelmäßige Muster, die als Dreiecke, Punkte oder Streifen ausgebildet sein können. Sie lassen jedoch keine verlässliche Vorahnung auf die Adultfärbung zu.

Im Porträt: *Morelia azurea*

***MORELIA** azurea* (MEYER, 1874) wurde mit wenigen Ausnahmen ausschließlich nördlich des Zentralgebirges nachgewiesen, ebenfalls mit einer Verbreitungsspanne von über 3.000 km Luftlinie. (Lediglich eine kleine Population der Unterart *M. a. pulcher* (siehe unten) lebt weiter südlich und kommt Beständen von *Morelia viridis* sehr nahe.)

Geografisch ist das Verbreitungsgebiet von *Morelia azurea* als eine nordwestliche „Parallelverschiebung" über den Gebirgskamm zu verstehen. Nördliche Grüne Baumpythons erreichen die nordwestlichste Grenze ihres Vorkommens auf indonesischen Inseln wie Gag, Kofiau und Misool (NATUSCH et al. 2020). Südwestlich erstrecken sich die Populationen bis in die Morobe Province, Papua-Neuguinea. Eine Ansiedlung in Nordaustralien über den Pazifik hat *Morelia azurea* nicht geschafft.

In der Körperlänge variiert *Morelia azurea* deutlicher als *Morelia viridis*, je nach Population, Ver-

Exemplar von *Morelia a. pulcher* mit arttypischer Rückenzeichnung. Solch starker Kontrast ist nicht immer gegeben und wird nicht von jedem Tier vererbt. Foto: M. Kroneis

breitungsgebiet und Geschlecht werden in der Natur Maximallängen von 112–172 cm erreicht (Natusch et al. 2020). Körperform und Relation der Länge zum Gewicht sind vergleichbar mit *Morelia viridis*. Länge und Form des Schwanzes hingegen variieren stark. Der Schwanz endet überdies nicht stumpf wie bei *Morelia viridis*, sondern läuft immer spitz aus.

Optisch ist *Morelia azurea* wesentlich variabler als *Morelia viridis*. Die grüne Grundfärbung adulter Tiere kann verschiedenste Nuancen aufweisen, von einem Hellgrün bis zu einem extrem dunklen Moosgrün. Auch bläuliche Farbverläufe kommen vor. Alle Abstufungen sind möglich, können aber nur schwer als taxonomische Einordnung dienen. Selbst die Jungtiere eines Geleges können später verschiedene Grundfärbungen ausbilden (pers. Beob.). Die Bauchbeschuppung ist cremeweiß bis gelb. Die Rückenzeichnung hingegen kann von Population zu Population extrem unterschiedlich sein. Trotzdem ist es nicht möglich, die Tiere aus dem *M.-azurea*-Komplex anhand optischer Merkmale sicher zu unterscheiden. Die Ausprägung der jeweils als typisch angenommenen Merkmale ist keinesfalls konstant, markante Zeichnungselemente können schwach ausgebildet sein oder komplett fehlen, bei Jungtieren wieder hervortreten oder bei Tieren weit entfernter Verbreitungsgebiete ebenfalls vertreten sein.

Wie schon erwähnt, besitzen Nördliche Grüne Baumpythons keine dunkel abgesetzte Linie entlang der Wirbelsäule. Aus einer mehr oder wenig ausgebildeten Zickzack-Linie können blaue Elemente herausstechen, durchgehend als komplette Linie oder mit Lücken und Unterbrechungen. Diese Fragmente können von einzelnen weißen Schuppen durchsetzt sein oder auch komplett fehlen.

Weiß ist in der Regel etwas weniger vertreten als bei besonders schönen Tieren von *Morelia viridis* und tritt am ehesten entlang der Rückenpartie auf. Auch gelbe Schuppen und Flecken sind möglich. An den Flanken treten nicht selten weitere blaue Zeichnungselemente auf.

Bei *Morelia azurea* schlüpfen gelbe sowie rote Jungtiere (Switak 1975; Natusch & Lyons 2021). Der gelbe Grundton wirkt nicht ganz so strahlend wie das Zitronengelb von *Morelia viridis*. Die Rottöne können von Orange über Tomatenrot bis zu Kastanienbraun schwanken, auch innerhalb eines Geleges.

Typische weiße Schwanzspitze der Schlüpflinge von *Morelia a. utaraensis* Foto: M. Kroneis

Spitz zulaufendes und dunkel gesprenkeltes Schwanzende junger *Morelia a. pulcher* Foto: M. Kroneis

Lange und dunkle Schwanzspitze von *Morelia a. azurea* Foto: P. Holmes

Stumpfes und fast schwarzes Schwanzende von Schlüpflingen der südlichen Art, *Morelia viridis*, zum Vergleich Foto: M. Weier

Die Zeichnung der Jungen dieser Art ist extrem vielseitig. Sie kann wie bei adulten Tieren ebenfalls eine komplette Linie vom Hinterkopf bis zur Schwanzspitze bilden, aber auch in einzelne Fragmente aufgelöst sein. Bei gelben Tieren ist die Zeichnung rot, braun oder schwarz und etwas weiß, bei roten Vertretern schwarz und weiß. Diese Elemente lassen eine vage Vorahnung auf die Anordnung der Zeichnungsmerkmale des adulten Tiers zu, können sich während der Umfärbung allerdings auch komplett auflösen. Die Schwanzspitze kann sowohl hell als auch dunkel sein und ist meistens etwas gesprenkelt. Tiere mit stark ausgeprägten typischen Merkmalen von *Morelia azurea* wurden früher trivial als „Festlandform“ zusammengefasst.

Die Unterarten von *Morelia azurea*

INFOLGE der intensiven DNA-Untersuchungen von NATUSCH et al. (2020) wurde *Morelia azurea* in drei Unterarten aufgeteilt. Diese sind über den nördlichen Teil Neuguineas weit verteilt, haben aber auch Berührungspunkte untereinander. Die vormals übliche Einteilung der Tiere in dutzende „Lokaltypen" nach rein optischen Merkmalen sowie das Hinzufügen (Labeln) spekulativer Fundortangaben sind somit obsolet. Da der Mensch jedoch an alten Gewohnheiten festhält und Bezeichnungen gerne mit optischen Merkmalen verbindet, werden sich wohl Namen wie „Sorong" noch lange halten.

WUSSTEN SIE SCHON?

Nur eine DNA-Analyse kann hundertprozentige Sicherheit bei der Zuordnung der Unterarten von *Morelia azurea* geben. Im Import und in der Terrarienhaltung wurden Tiere verschiedener Unterarten miteinander vermischt. Durch morphologische Merkmale lässt sich nur eine grobe Einteilung vornehmen.

Morelia azurea azurea

Die Unterart *M. a. azurea* (MEYER, 1874) hat das kleinste Verbreitungsgebiet. Sie bewohnt vorgelagerte Inseln wie Biak und Numfor. Tiere dieser Population sind die größten Vertreter – 172 cm maß das längste dokumentierte Exemplar, gefangen auf der Insel Biak (NATUSCH pers. Mittlg. 2023). In der Terrarienhaltung liegt die zu erwartende maximale Gesamtlänge im ähnlichen Bereich (pers. Beob.).

Der Kopf ist auffällig bullig, mit deutlich aufgewölbten Nasenschilden. Die Bauchschilde sind in Weiß und Gelbtönen gehalten. Die Grundfärbung umfasst oft dunklere Grüntöne als bei den anderen Unterarten Verwandten. Gerade im Alter dunkelt *M. a. azurea* häufig stark nach, bis hin zu einem tiefen Algen- bzw. Moosgrün. Als Sekundärfärbung weist diese Form gelbe Schuppen auf. Diese sind in unregelmäßigen Zeichnungsmustern und Flecken über den kompletten Körper verteilt, können aber im Alter stark abnehmen bzw. ganz fehlen. Adulte Vertreter von *M. a. azurea* sind im Alter fast immer komplett grün gefärbt (NATUSCH pers. Mittlg. 2023).

Es schlüpfen gelbe und rote Jungtiere. Nach dem ontoge-

Typische helle Schwanzspitze adulter *Morelia a. utaraensis* Foto: M. Kroneis

Kontrastreiches Schwanzende von *Morelia a. pulcher* in Schwarz/Blau gehalten Foto: M. Kroneis

Langer, dünner Schwanz von *Morelia a. azurea* Foto: P. Holmes

Stumpfer, grüner Schwanz von *Morelia viridis* als gutes Unterscheidungsmerkmal im direkten Vergleich Foto: M. Weier

netischen Farbwechsel bleiben bei den Nachkommen Elemente des Jugendkleides zurück. Aber auch rote Junge können gelbe Zeichnungsmuster entwickeln. Jungtiere haben dreieckig wirkende Zeichnungsmuster entlang des Rückens, die sich im Laufe des Lebens auflösen. Im Gegensatz zu den anderen beiden Unterarten fehlt eine ausgeprägte blaue Rückenlinie gänzlich. Jedoch können weiße und blaue Schuppen über den gesamten Körper anzutreffen sein. Die Schwanzspitze ist dunkel gefärbt, lang und immer spitz zulaufend.

WUSSTEN SIE SCHON?

Bei *Morelia a. azurea* dauert die Umfärbung sehr lange an und kann sich bis zu einer Körperlänge von 120 cm hinziehen (Natusch & Lyons 2014). Gelbe Farbtöne können sich im Alter auch komplett verlieren, adulte Exemplare sind oft einfarbig grün (Natusch pers. Mittlg. 2023).

Biak Island: Semiadultes Jungtier von *Morelia a. azurea* im Habitat auf Beutefang Foto: D. Natusch

Weibliches Exemplar von *Morelia a. azurea* im Alter von 5 Jahren. Markante blaue Dorsalstreifen sind bei dieser Unterart nicht üblich.
Foto: A.J.G. van Zon

***Morelia a. azurea* in kontrastreicher Zeichnung. Dieses 5-jährige Männchen hat einen hohen Gelbanteil, obwohl es als Schlüpfling rot war. Solange dorsale Fragmente der Jugendzeichnung sichtbar sind, ist die Umfärbung noch nicht abgeschlossen.** Foto: A.J.G. van Zon

Gelbes Jungtier von *Morelia a. pulcher.* Mit etwas Glück färben sich diese Zeichnungselemente später blau um. Foto: M. Kroneis

Morelia azurea pulcher

In der Terraristik weit verbreitet sind seit jeher Tiere der Unterart *M. a. pulcher* (Sauvage, 1878). Dies ist aber nicht ihrer betörenden Optik geschuldet, sondern vielmehr der frühzeitig erschlossenen Infrastruktur zwischen Sammelgebieten und günstig gelegenem Flughafen.

Das Verbreitungsgebiet reicht vom westlichen Teil der Vogelkop-Halbinsel bis weit hinunter ins Festland Indonesiens, etwas südöstlich des Lorentz-Nationalparks. Die zu erwartende Körperlänge ist im Durchschnitt etwas kürzer als bei *M. a. azurea.* Selten werden Tiere über 140 cm gepflegt (pers. Beob.). In der Natur erreichen sie im Mittel 116–130 cm (Natusch et al. 2020).

Der Körper wirkt eher klein und der Kopf ist etwas zierlicher als bei *M. a. azurea.* Die Bauchbeschuppung ist einfarbig cremeweiß bis gelb. Als Grundton kommt eine breite Palette Grüntöne zum Tragen, die in der Regel aber heller sind als bei adulten *M. a. azurea.* Charakteristisch für diese Unterart sind ausgeprägt blaue Zeichnungselemente in Dreiecksformen entlang der Rückenlinie, zusammenhängend oder unterbrochen. Bei manchen Tieren fehlt dieses Merkmal allerdings. Auch nach mehreren hormonellen Umfärbungen in der Trächtigkeit der Weibchen kann dieser Kontrast schwächer werden. Einzelne weiße Schuppen können entlang der Körperoberseite auftreten. Auch gelbe Töne kommen vor.

Bei *M. a. pulcher* schlüpfen sowohl rote als auch gelbe Jungtiere. Die Zeichnung der Schlüpflinge ist extrem variabel. Ihre Rückenlinie kann geschlossen oder in einzelne Segmente aufgelöst sein.

Gelege mit überwiegend gelben Schlüpflingen können bei dieser Unterart ebenfalls vorkommen, gerade von Tieren aus den westlichen Gebieten der Vogelkop-Halbinsel Foto: M. Kroneis

Adultes Tier von *Morelia a. pulcher* Foto: M. Kroneis

WUSSTEN SIE SCHON?

Bei *M. a. pulcher* kommen beide Jugendfarben vor, Rot und Gelb. Allerdings gibt es Populationen, die vermehrt bzw. ausschließlich gelbe Nachkommen zeugen, z. B. Tiere vom westlichen Verbreitungsgebiet der Vogelkop-Halbinsel (NATUSCH & LYONS 2021).

Diese dunkle Kontrastzeichnung kann bei der Umfärbung blau werden oder sich nur in Teilen etablieren. Das Schwanzende ist bei Schlüpflingen dunkel gesprenkelt, später bei adulten Tieren auch oft blau durchsetzt, aber immer spitz zulaufend.

Morelia a. pulcher **während der Umfärbung. Dieses Stadium ist in der Regel nur von kurzer Dauer.** Foto: M. Kroneis

Morelia azurea utaraensis

Nördliche Grüne Baumpythons der Unterart *M. a. utaraensis* (NATUSCH et al. 2020) wurden im Norden Neuguineas über das Festland verteilt bis weit in den Süden nachgewiesen. Die natürlichen Grenzen bilden im Norden der Südpazifik mit dem angrenzenden Gebirge der Cyclops Mountains (Jajapura) sowie im Süden das Zentralgebirge mit dem Wamena-Hochland.

Die Körperform entspricht der von *M. a. pulcher*, jedoch ist die Gesamtlänge in den meisten Fällen geringfügig kleiner. Als normales Durchschnittsmaß in der Natur werden 112–123 cm angegeben (NATUSCH et al. 2020), was sich mit meinen Erfahrungen deckt. Die Bauchschuppen sind bei Jung- und Alttieren hell gefärbt. Die Farbe des Schuppenkleids reicht von hellem Grün bis hin zu tiefem Blaugrün. Die Jugendfärbung ist gelb, kastanienbraun bis fast schwarz, in einigen Populationen schlüpfen vermehrt rote Jungtiere. In der Regel bilden geschlossene Rückenbänder mit abwechselnd angeordneten weißen

Dreiecken einen starken Kontrast. Diese markante Färbung löst sich bei der Umfärbung in Blautöne auf, aus den weißen Dreiecken bleiben jedoch einige wenige Schuppen erhalten. Oft färben sich diese Zeichnungselemente flächig grün um, mit blauen Umrandungen (pers. Beob.).

Eine Besonderheit ist die helle, fast weiße Schwanzspitze der Schlüpflinge, bei dunklen ebenso wie bei gelben Exemplaren. Bei adulten Exemplaren sind die spitz zulaufenden Schwanzenden einfarbig grün, etwas heller als die Grundfarbe.

Jungtiere dieser Unterart lassen deutlich ein dreifaches Band in der Iris der Augen erkennen. Ansonsten ist dieses Merkmal nur noch von *Morelia a. azurea* nachgewiesen (NATUSCH et al. 2020).

Jungtiere von *Morelia a. utaraensis* lassen deutlich ein dreifaches Irisband erkennen
Foto: M. Kroneis

Semiadultes Tier von *Morelia a. utaraensis*
Foto: M. Kroneis

Adulter Vertreter von *Morelia a. utaraensis.* Dieses Tier hat wenig weiße Schuppen, aber ein geschlossenes blaues Rückenband. Nördliche Exemplare zeigen oft einen hohen Blauanteil der Zeichnung. Foto: M. Kroneis

Fast schwarze Jungtiere mit blütenweißer Zeichnung gibt es nur in der nördlichen Linie Grüner Baumpythons Foto: M. Kroneis

Gesetzliche Bestimmungen

DER internationale Schutzstatus der Grünen Baumpythons ist gesetzlich durch das Washingtoner Artenschutzübereinkommen geregelt: Alle Pythons (Pythonidae; außer *Python molurus*, der auf Anhang I steht) sind auf Anhang II gelistet. In der Praxis bedeutet dies, dass der Erwerber einen schriftlichen Herkunftsnachweis (verschiedene Vordrucke gibt es im Internet) ausgehändigt bekommen muss. Dieser sollte Name und Anschrift von Züchter und Käufer, den wissenschaftlichen und den deutschen Namen, Schlupfdatum, Geschlecht und ggf. Anzahl der Tiere enthalten.

Jegliche Zu- und Abgänge sind umgehend bei der zuständigen Behörde zu melden, beispielsweise der Unteren Naturschutzbehörde. Das Original des Herkunftsnachweises bleibt beim Halter, eine Kopie geht ans Amt. Da die zuständigen Amtsstellen oft unterschiedliche Anforderungen stellen, empfehle ich, auch die Zuchtbuchnummern und Daten der Elterntiere erfassen zu lassen. Noch nicht vorgeschrieben, aber dringend zu empfehlen ist der Erwerb des Sachkundenachweises nach § 2. Er bildet ein stabiles Fundament an Wissen in der Terraristik. Schulungen finden regelmäßig bei Fachverbänden wie z. B. der DGHT statt (siehe „Weitere Informationen“).

WUSSTEN SIE SCHON?

Wissenschaftliche Artnamen werden in Standard-Nomenklaturreferenzen aufgelistet. Solange die Regelwerke einschließlich der Verordnung (EG) 338/97 (Bundesartenschutzverordnung BartSchV) nicht geändert werden, bleibt es in allen offiziellen amtlichen Angelegenheiten vorerst bei *Morelia viridis* – darunter ist also *Morelia azurea* samt Unterarten inbegriffen. Stand: Frühjahr 2023.

Zu- und Abgänge Grüner Baumpythons sind umgehend der zuständigen Behörde zu melden Foto: M. Kroneis

Erwerb

DA der Handel mit Farmzuchten oder Wildfängen aus Indonesien durch die Gesetzgebung fast gänzlich zum Erliegen kam, werden heute fast ausschließlich Nachzuchten (NZ) von privaten Hobbyzüchtern angeboten, was natürlich von großem Vorteil ist. Nachzuchten sind nicht nur aus ethischer Sicht Farmzuchten und Wildfängen vorzuziehen, sondern sie erweisen sich auch als gesundheitlich weniger anfällig und sind nicht vorgeschädigt.

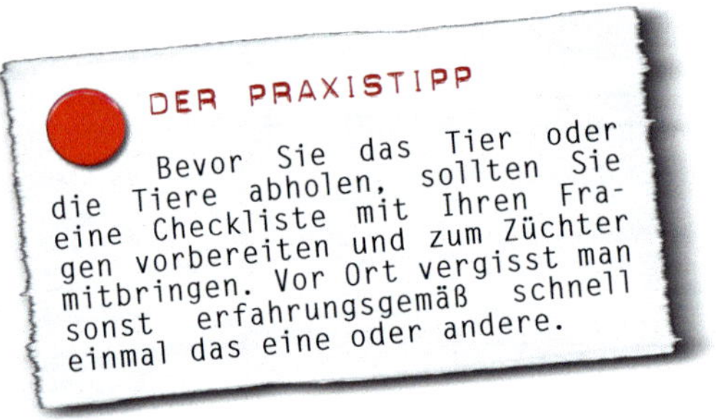

Nutzen Sie die Chance, die Tiere selbst vor Ort abzuholen – so erfolgt der Transport rasch und ohne viel Stress für die Schlangen. Bereits vorab sollten Sie sich vom Züchter ausführlich zu Haltung und Pflege beraten lassen. Bei der Abholung können Sie dann noch offene Fragen klären, sich die Pflegebedingungen der Tiere anschauen und die Herkunftsbescheinigung in Empfang nehmen. Verantwortungsvolle Züchter stehen auch später noch gerne als kompetente Ansprechpartner zur Verfügung, wenn Probleme oder Fragen auftauchen sollten.

Transport und Quarantäne

GRÖSSERE Tiere werden in atmungsaktiven Baumwoll- oder Leinenbeuteln verpackt, kleine Jungtiere oder semiadulte Pythons auch in fest schließenden Kunststoffbehältern mit ausreichend Luftlöchern. Die Dosen sollten mit Küchenkrepp ausgelegt sein, und ein fest montierter, bei kleinen Jungtieren nur bleistiftdicker Liegeast muss den Tieren erlauben, ihre arttypische Ruheposition einzunehmen. Diese Beutel bzw. Behälter werden dann – gegen Verrutschen gesichert – in eine Styroporbox gegeben, um die erworbene Schlange vor starken Temperaturschwankungen zu schützen, im Winter wie im Sommer.

Während des Transports werden die Tiere nicht feucht gehalten. Um die Temperatur aufrechtzu-

erhalten, können mit entsprechend temperiertem Wasser gefüllte PET-Flaschen, Heat- oder Coolpacks verwendet werden. Die Temperatur sollte bei ca. 25–27 °C gehalten werden. Dies muss verlässlich den kompletten Transport über mittels geeigneter Thermometer überwacht werden! Abhängig von der Größe der Box wird hin und wieder gelüftet, um den Python mit ausreichend Sauerstoff zu versorgen.

Grundsätzlich werden alle neu erworbenen Tiere einzeln untergebracht, und zwar in möglichst einfach eingerichteten Terrarien, die aber natürlich die komplette Bandbreite an Rahmenbedingungen zur Pflege Grüner Baumpythons aufweisen müssen. Das Terrarium sollte abseits der restlichen Tiere an einem ruhigen Ort aufgestellt sein. Die Schlange muss ruhig und stressfrei darin leben können, ohne unnötige Belastungen durch „Händeln" oder ständiges Fotoshooting. Die Quarantänezeit beträgt mindestens 3–4 Monate. Somit kann man mehrere Fütterungen, Kotabgaben und 1–2 Häutungen überwachen.

Ist das Tier unauffällig, können Sie es anschließend im eigentlichen Terrarium unterbringen, sollten es aber auch dort noch eine Zeit lang genauer beobachten.

DER PRAXISTIPP

Am besten generell während der Quarantänezeit, zumindest aber bei auffälligem Kot sollte man eine Probe von einem reptilienkundigen Tierarzt untersuchen lassen oder direkt zu einem veterinärmedizinischen Labor schicken (Adressen finden Sie unter „Weitere Informationen". Wird ein Befall mit Parasiten oder anderen Krankheitserregern festgestellt, können Sie das Tier nach Weisung behandeln.

Quarantänehaltung ist nicht nur bei Neuerwerb sinnvoll. Auch wenn später Probleme auftauchen, kann man betroffene Tiere isolieren, in Quarantäne genauer beobachten und gegebenenfalls Proben nehmen sowie die Schlangen behandeln. Foto: M. Kroneis

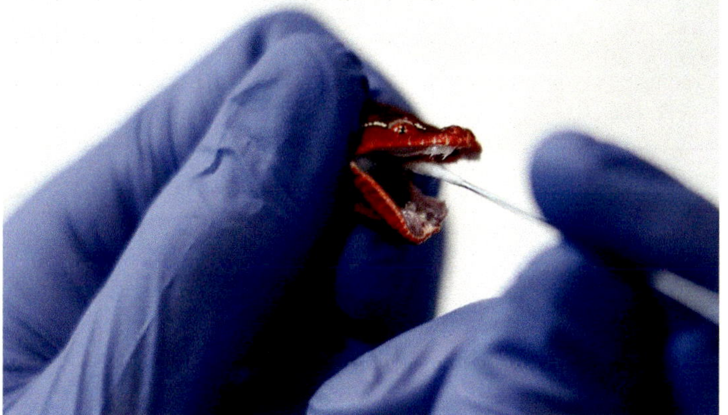

Haltung

BEI guter Pflege – dazu gehört aus meiner Sicht eine naturnahe Haltung – können Grüne Baumpythons in menschlicher Obhut durchaus ein stattliches Alter erreichen. Bei WEIER (pers. Mittlg.) wurden Exemplare schon über 30 Jahre alt.

Die größten Probleme für die Gesundheit dieser Schlangen sind ein Überangebot an Futter, stetig verfügbare maximale Wärme, eingeschränkte Bewegungsfreiheit und eine zu feuchte Haltung. Diese vier Faktoren verringern die Lebenserwartung deutlich, besonders in Kombination mit Stress durch übertriebenes Verpaaren, Händeln oder mehrfachen Besitzerwechsel. Ein ausgewogener Einsatz der Möglichkeiten ist hier zielführend, weniger ist oft mehr. Eine Haltung, die den natürlichen Bedingungen und den Anforderungen der Tiere entspricht, ist dringend anzuraten.

Das typische Habitat Grüner Baumpythons, hier im Beispiel die Iron Range Australiens
Foto: J. Julander

Terrarium und Technik

Da bei einem angehenden Halter Grüner Baumpythons ein Basiswissen und grundlegende Erfahrung in der Haltung von Riesenschlangen und im Umgang mit ihnen vorhanden sein sollten, behandle ich die sehr variable Technik und Terrariengestaltung hier nur grundsätzlich. Dazu existiert gute weiterführende Fachliteratur.

Zur Terrariengröße allerdings gibt es klare Bestimmungen: Die durch eine Sachverständigengruppe des damaligen Bundesministeriums für Ernährung und Landwirtschaft festgelegten Mindestanforderungen an die Haltung von Reptilien verlangen 0,75 x 0,5 x 1,5, multipliziert mit der Gesamtlänge eines Grünen Baumpythons. Bei maximal etwa 150 cm Länge eines adulten Exemplars sollte das Endterrarium demnach mindestens 112,5 x 75 cm x 225 cm aufweisen, wobei

Blick auf einen Teil der Terrarienanlage des Autors Foto: M. Kroneis

Morelia viridis **in einem optimal eingerichteten Terrarium. Naturnahe Haltung wurde hier vorbildlich umgesetzt.** Foto: M. Weier

man die Höhe von 2 m aus praktischen Gründen jedoch nicht überschreitet.

Am Markt stark vertreten sind relativ flache Terrarien. Aus wirtschaftlichen Gründen wurde diese Modeerscheinung aus den USA übernommen, sollte aber nach heutigem Wissen und im Bestreben nach möglichst naturnaher und artgerechter Haltung überdacht werden. In Hochterrarien lassen sich die Lichtbedingungen und ein ausgeprägter Temperaturgradient wesentlich besser umsetzen. Auch die Bepflanzung gedeiht besser und die Verteilung der Äste lässt ein natürlicheres Bild entstehen.

Adulte Tiere werden in möglichst geräumigen Terrarien gepflegt. Horizontale, aber auch vertikale Äste in verschiedenen Stärken werden als Kletter- und Ruhemöglichkeiten eingebracht und von den Tieren voll genutzt.

Ein Schloss macht das Entweichen der Tiere unmöglich Foto: M. Kroneis

Liegeäste sollten etwas dünner als der Körperdurchmesser der gepflegten Tiere sein – besser etwas dünner als zu stark. Harzfreie Gehölze sind zu wählen. Besonders die Robinie (*Robinia pseudoacacia*) hat sich gut bewährt, denn sie erweist sich als sehr verwitterungsresistent. Das komplette Terrarium sollte großzügig bepflanzt werden, als Deckung für die Tiere und nicht zuletzt zur positiven Beeinflussung des Mikroklimas. Auch Hängeampeln können zum Einsatz kommen, bestückt beispielseise mit Efeututen (*Epipremnum aureum*), die sich sehr frohwüchsig und robust gezeigt haben (pers. Beob.).

Bei Großterrarien bieten sich moderne, rollengelagerte Laufschienen aus Aluminium an. Große Glasscheiben laufen deutlich besser darin. Foto: M. Kroneis

Feuchtraum-LED-Leisten können auch innen angebracht werden und sorgen für die Grundhelligkeit Foto: M. Kroneis

Als Grundbeleuchtung können LED-Leuchten zum Einsatz kommen, in Lichtfarben von ca. 6.000–6.500 Kelvin. Somit erscheinen die Farben der Tiere sehr natürlich und ein gutes Pflanzenwachstum ist gesichert. Als punktuelle Wärmequellen kann man – natürlich mit einem Schutzkorb versehene – R50- und R63-Spotstrahler verwenden, die mittels Dimmer auf die gewünschte Temperatur geregelt werden. Auf flache Heizplatten (Heatpanels) braucht man in hohen Becken nicht zurückzugreifen, denn darin reicht die lichte Höhe aus, um einen oder mehrere Spotstrahler als Wärmequelle zu installieren. Der Vorteil dieser Technik liegt in der Erzeugung sichtbarer Wärme, denn die gepflegten Baumpythons suchen in großen Becken gerade morgens nach Helligkeit, die sie offenbar mit Wärme in Verbindung bringen. Nach kühleren

Spotstrahler dienen als Wärmequelle und sollten durch solche Schutzvorrichtungen immer vor Berührung durch die Schlangen abgeschirmt sein Foto: M. Kroneis

Grobe Pinienrinde hat sich als Einstreu gut bewährt Foto: M. Kroneis

Nächten kriechen Sie gezielt auf die morgendlich hell angestrahlten Ruheplätze (pers. Beob.) – vergleichbar mit ihrem Verhalten in der Natur, wenn Sonnenstrahlen am Morgen das Blätterdach durchdringen. Bei Heizplatten vermisst man diesen optischen Effekt und sieht auch nicht direkt, ob das Heatpanel überhaupt noch (korrekt) funktioniert. Die Beleuchtungsdauer sollte 12/12 Stunden (Tag/Nacht) betragen.

Nur wenn die Nachttemperatur des Raumes deutlich unter 23 °C fallen könnte, lassen sich mit Heizmatten oder ähnlichen Heizmöglichkeiten die gewünschten Werte aufrechterhalten, in großen Becken auch mit Dunkelstrahlern. Die Steuerung übernimmt ein Thermostat.

Als Lüftungsflächen für eine leichte Zwangslüftung, einen kontrollierten Sauerstoffaustausch ohne Zugluft, werden kleine Möbellüfter verbaut.

Wassergefäße können hängend angebracht werden. Dies verhindert weitestgehend ein Ver-

Semiadulte Tiere werden unter den gleichen Bedingungen gepflegt wie adulte Exemplare
Foto: M. Weier

schmutzen mit Fäkalien während der nächtlichen Streifzüge.

Als Bodensubstrat kann verschiedene Einstreu zur Verwendung kommen. Grobe Pinienrinde (15–25 mm Körnung) hat sich bei mir sehr gut bewährt. Auch Kokosfasern eignen sich. Sind die Partikel des Substrats zu fein, muss man die Labialgruben und Zahnzwischenräume im Auge behalten. Dort sammeln sich solche Teilchen manchmal an und können schleichende Probleme auslösen. Bei Weier (pers. Beob.) wird seit Jahren erfolgreich Hydrokultur verwendet.

Semiadulte *Morelia viridis* oder *Morelia azurea* werden grundsätzlich unter gleichen Bedingungen wie gerade geschildert gehalten. Auch hier gelten die Mindestanforderungen an die Haltung und verlangen das 0,75 x 0,5 x 1,5-Fache der Gesamtlänge. Demnach reicht für ein zweijähriges Tier mit ca. 100 cm Länge ein Terrarium von 75 x 50 x 150 cm. Allerdings gedeihen Grüne Baumpythons in diesem Lebensabschnitt in niedrigeren Behältern ebenfalls wunderbar. Aus meiner Sicht reichen daher 100 cm Höhe bis zu diesem Lebensalter.

Schlüpflinge und kleinere Jungtiere benötigen Kleinterrarien. Ihre sonstigen Ansprüche müssen natürlich ebenfalls gedeckt sein. Als Aufzuchtterrarien für die ersten Monate ihres Lebens haben sich sogenannte Spinnenwürfel bewährt, also Terrarien mit einer Kantenlänge von 30–40 cm. Ob man seine Terrarien aus PVC, Holz oder Glas baut bzw. kauft, bleibt jedem selbst überlassen. Jedes Material birgt Vor- und Nachteile in Verarbeitung, Pflege und Unterhaltung. Die Auswahl an Terrarien ist heute enorm. Ein versierter Terrarienbauer kann auch auf Maß das richtige Becken für den Pflegling empfehlen und anfertigen.

Auch Rackhaltung hat sich in der Aufzucht bewährt. Allerdings ist sie nur für die ersten 3–6 Lebensmonate zu empfehlen, bis die Jungtiere sicher am Futter sind Foto: M. Kroneis

Artgerechte Unterbringung der Jungtiere in naturnahen Terrarien, ähnlich denen der Elterntiere Foto: M. Weier

Klima

DAS natürliche Habitat von *Morelia viridis* und *Morelia azurea* ist aufgrund der weiten Verbreitung, verschiedener vorherrschender Umwelteinflüsse sowie unterschiedlichster Höhenlagen klimatisch sehr variabel. Da wir die exakte Herkunft unserer Tiere bzw. ihrer Vorfahren nicht kennen, müssen wir auf ein mittleres, in Terrarienhaltung lange bewährtes Temperaturregime zurückgreifen. Als Ausgangspunkt orientieren wir uns an den vorherrschenden Gegebenheiten der Primärregenwälder Indonesiens.

Grüne Baumpythons saugen gerne Wassertropfen von ihrem Schuppenkleid. Ein Grund mehr, täglich gezielt von Hand zu sprühen, ohne Einsatz moderner Beregnungsanlagen. Foto: M. Kroneis

Die Tages-Lufttemperatur sollte zwischen 25 und 28 °C liegen. An einem der oberen Ruheplätze sollten mittels Spotstrahler leicht höhere Temperaturen von 30–32 °C angeboten werden. Bei großzügig bemessenen, hohen Terrarien wird somit ein vertikaler Temperaturgradient von 32 °C oben bis hinunter auf ca. 20 °C in Bodennähe entstehen, je nach Jahreszeit, Standort, Größe und Zimmertemperatur. Dieses Temperaturgefälle mit seiner großen Bandbreite ist ideal für die Bedürfnisse Grüner Baumpythons. Für sämtliche Phasen wie Verdauung, Häutung oder Paarungsvorbereitungen sind somit jeweils optimale Temperaturen verfügbar und die Tiere können frei die für sie ideale Klimazone wählen.

Zwischen Tages- und Nachttemperaturen sollte unbedingt ein deutlicher Unterschied herrschen, um den natürlichen Temperaturabfall im Habitat zu imitieren, den Tag/Nacht-Rhythmus zu unterstreichen und den Stoffwechsel etwas zu bremsen. Die Nachttemperaturen sollten daher deutlich sinken, leicht erhöhte Raumtemperaturen von 23–24 °C sind ausreichend. Die Heizquelle sollte ebenfalls im Verhältnis 12/12 Stunden (Tag/Nacht) geschaltet werden. Eine stetig hohe Lufttemperatur ohne Wahlmöglichkeiten gilt es dringlichst zu vermeiden! Ein zu hoher Stoffwechsel in Verbindung mit einer schleichenden Dehydrierung (Austrocknung) wäre die Folge.

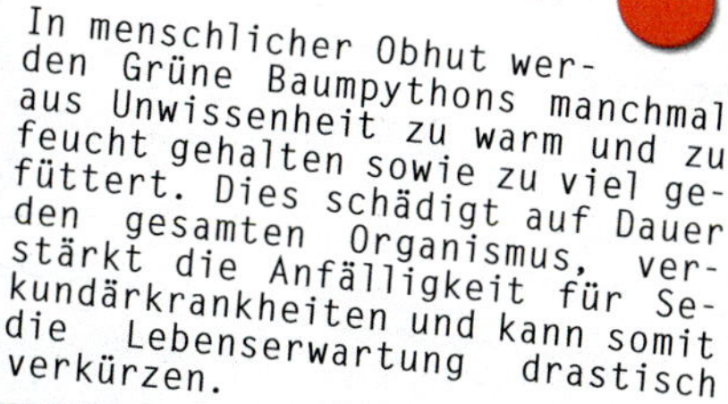
WUSSTEN SIE SCHON?

In menschlicher Obhut werden Grüne Baumpythons manchmal aus Unwissenheit zu warm und zu feucht gehalten sowie zu viel gefüttert. Dies schädigt auf Dauer den gesamten Organismus, verstärkt die Anfälligkeit für Sekundärkrankheiten und kann somit die Lebenserwartung drastisch verkürzen.

Da wir Tiere aus tropisch feuchten Gefilden pflegen, ist eine mäßig erhöhte Luftfeuchte unbedingt nötig. Durch tägliches, am besten morgendliches Versprühen handwarmen Leitungswassers hebt man sie stoßweise auf über 90 % an. Anschließend sollte sie langsam auf 60–70 % sinken. Sollte das nach spätestens 24 Stunden noch immer nicht der Fall sein, sind die Lüftungsflächen zu klein. Im Gegenzug sind die Lüftungsflächen zu groß, wenn das Terrarium 2–3 Stunden nach dem Sprühen schon komplett trocken ist. Weder *Morelia viridis* noch *Morelia azurea* sollten einer konstanten Luftfeuchte von über 90 % ausgesetzt sein.

Ernährung

Morelia a. utaraensis **beim Verschlingen einer Maus**
Foto: M. Kroneis

IN freier Natur ernähren sich Baumpythons fast ausschließlich von Säugetieren und Reptilien. In Terrarienhaltung ist das Futterangebot aus Beschaffungs- und naturschutzrechtlichen Gründen weitaus schmäler als im Lebensraum der Schlangen. Ihre Grundversorgung wird in der Regel mit gezüchteten Nagetieren sichergestellt. Ratten, Mäuse verschiedener Art, aber auch Eintagsküken können als Futter erworben werden.

Die Größe des Futtertieres ist abhängig von der Körpergröße des Grünen Baumpythons. Angefangen mit nestjungen Mäusen wächst das Futtertier mit zunehmender Länge der Schlange im Verhältnis mit. Adulten *Morelia viridis* und *Morelia azurea* reichen Futterratten mit einem Gewicht von 60–80 g völlig aus. Ein Futtertier alle 2–4 Wochen ist gut bemessen. Jungschlangen und semiadulte Tiere bis zum Alter von einem Jahr dagegen werden jede Woche gefüttert. Auch bei ihnen sollte man nach dem Verschlingen nur eine leichte Verdickung in der Körpermitte des Pythons erkennen – ansonsten war das Futtertier zu groß, was zu Problemen führen kann.

Meist verweigern Grüne Baumpythons in den Tagen vor der Häutung ihr Futter. Aber auch, wenn gierige Tiere fressen wol-

len, sollte man ihnen in dieser Phase nichts anbieten. Ein geweiteter Bauchumfang während der Häutung kann nämlich zu Komplikationen beim Abstreifen der Haut führen. Verbliebene Häutungsreste bedeuten im Nachgang Stress für Tier und Halter. Die Vorbereitungsphase auf die Häutung dauert ca. 1–2 Wochen. Dann wird, meist in der Nacht, die alte Haut an einem Stück abgestreift. Am nächsten Morgen hängt sie im Terrarium und die Riesenschlange erstrahlt wieder in voller Pracht.

DER PRAXISTIPP

Grüne Baumpythons neigen bei zu reichlichem Futterangebot zum Verfetten. Sie verlieren dann schnell den schlanken Körperbau einer arboricol lebenden Schlange. Verminderte Fruchtbarkeit, Wirbelsäulendislokationen sowie eine herabgesetzte Lebenserwartung sind die Konsequenzen. Weniger ist bei der Ernährung also mehr.

Jungtiere aller Grünen Baumpythons nehmen angebotenes Futter gierig an, wenn sie erst einmal eingewöhnt sind. Um Beißereien zu vermeiden, sind eine Einzelhaltung oder zumindest die strikte Überwachung der Fütterungen stets anzuraten. Foto: M. Kroneis

Routinearbeiten

ZU den täglichen Pflegearbeiten zählt das Besprühen der Einrichtung mittels eines Drucksprühgerätes, am besten in den Morgenstunden. Somit ist in den warmen Tagesstunden eine erhöhte Luftfeuchte gewährleistet. In der Nacht steigt die relative Luftfeuchte automatisch etwas an, wenn die Beleuchtung erlischt.

Gefüttert wird noch vor den Abendstunden. Sind die Schlangen in der Dämmerung auf Streifzug, ist eine Fütterung eher schwierig. Grüne Baumpythons sind in der Regel bei Dunkelheit sehr stürmisch und schnappen nach allem, was sich bewegt. Aus diesem Grund wird immer mit einer ausreichend langen Pinzette gefüttert.

Verunreinigungen im Substrat werden stets sofort entfernt. Zwei- bis dreimal pro Jahr ist ein Komplettaustausch des Bodengrunds anzuraten. Wassergefäße sollten mehrmals pro Woche heiß gereinigt und mit frischem Leitungswasser gefüllt werden. Im tropisch warmen Klima vermehren sich Bakterien und Pilze ansonsten rasend schnell im Trinkgefäß.

Vorsicht in der Abenddämmerung bei Arbeiten am Terrarium! Die Bewohner sind jetzt im Jagdmodus ... Hier *Morelia a. utaraensis*. Foto: M. Kroneis

Nachzucht

NUR adulte Tiere in gesundheitlich guter Verfassung kommen zur Vermehrung zum Einsatz. Dem Alter der Tiere gilt dabei ein höheres Augenmerk als der Größe und dem Gewicht. Die Tiere sollten langsam aufwachsen können. Männliche Baumpythons sind ca. ein Jahr früher zur Nachzucht bereit als Weibchen. Letztere sollten vor den ersten Verpaarungsversuchen mindestens 700 g wiegen und ein Alter von mindestens 4–5 Jahren haben (pers. Beob.).

Ihre Partner sind in der Regel ab 300 g Gewicht schon zeugungsfähig (JULANDER 2017). Ein zu schnelles „Auffüttern", um eine frühere Zuchtreife zu erlangen, das sogenannte „Powerfeeding", geht auf Kosten von Gesundheit und Lebensdauer der Tiere.

Ein kleines Wunder bleibt stets der Schlupf Grüner Baumpythons. Deutlich zu sehen ist der Eizahn, der nach wenigen Tagen abfällt.
Foto: M. Kroneis

Geschlechtsbestimmung

WER vom Züchter keine verlässliche Aussage zum Geschlecht erhalten hat, muss seine Tiere später selbst bestimmen. Bringt man etwas Geduld mit, werden sich die Tiere im Lauf ihres Lebens jedoch von selbst outen: Im Alter von etwa 2,5–3 Jahren werden dem aufmerksamen Beobachter in der Kloakenregion einer frischen Häutung von Männchen paarige Fortsätze auffallen. Dies sind die gehäuteten Hemipenes (paariges Begattungsorgan der Schlangen). Bei weiblichen Tieren fehlen solche Ausbildungen an den Häutungsresten natürlich gänzlich. Dies ist eine schonende und sichere Art der Geschlechtsbestimmung, wenn auch langwierig und nichts für ungeduldige Halter.

Eindeutiges Geschlechtsmerkmal: die gehäuteten Hemipenes des Männchens auf der linken Seite. Im direkten Vergleich die abgestreifte Haut des Weibchens rechts.
Foto: M. Kroneis

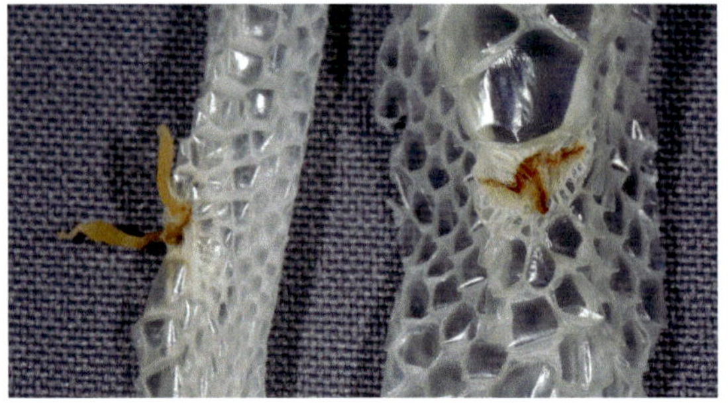

Das sogenannte Poppen (mechanisches Herausstülpen der Hemipenes mittels Druck durch Daumen und Zeigefinger) darf auf gar keinen Fall praktiziert werden, denn das Risiko einer Dislokation der Wirbelsäule in Kloakennähe ist dabei extrem groß (Kroneis 2014)! Gerade bei frischen Schlüpflingen anderer Gattungen wird diese Technik gerne angewandt. Unwiderrufliche Schäden wie Darmprolaps (Darmvorfall), Zeugungsunfähigkeit und Lähmungen können jedoch bei Grünen Baumpythons die Folgen sein.

Ein sicheres Bestimmen der Tiere ist durch Sondieren möglich. Die Schlangen sollten allerdings ein Mindestalter von zwölf Monaten oder 80–100 g Körpergewicht aufweisen, um diesen Eingriff schadlos zu überstehen. Wer keine Praxis im Sondieren hat, lässt sich besser von einem erfahrenen Züchter helfen. Aus diesem Grund erkläre ich den genauen Vorgang hier nicht, um keine Einsteiger zu kurz entschlossenen Versuchen zu motivieren. Durch falsche und grobe Anwendung der Metallsonden können ebenfalls irreparable Schädigungen entstehen. Das Durchstechen der Geschlechtsteile birgt sogar das Risiko einer folgenden Unfruchtbarkeit.

Zuchtvorbereitung

DIE Tiere können ganzjährig jeweils einzeln oder in entsprechend dimensionierten Terrarien auch in Paaren sowie in kleineren Gruppen zusammenleben, bei Gruppenhaltung allerdings immer nur ein Männchen pro Terrarium, da Männchen extrem aggressiv untereinander sind. Einzelhaltung der Pythons empfiehlt sich für Einsteiger jedoch immer: Man hat dabei eine bessere Kontrolle über jedes einzelne Tier und die Fütterungen sind unproblematisch.

Da Grüne Baumpythons in Terrarienhaltung nicht zwingend saisonal sind, verpasst man bei paarweiser Pflege keine fruchtbaren Zeiten der Tiere. Theoretisch können im Terrarium zu allen Zeiten im Jahr befruchtete Gelege abgesetzt werden (JULANDER 2017). Schwerpunktmäßig finden die Paarungen aber hauptsächlich in den Monaten September bis Mai statt (pers. Beob.). Auslöser sind die kühlen Nächte nach den heißen Sommermonaten.

Starke Schwankungen der Großwetterlage sind oft Auslöser nächtlicher Paarungsaktivitäten. Nördlicher Grüner Baumpython, *Morelia a. pulcher*. Foto: M. Kroneis

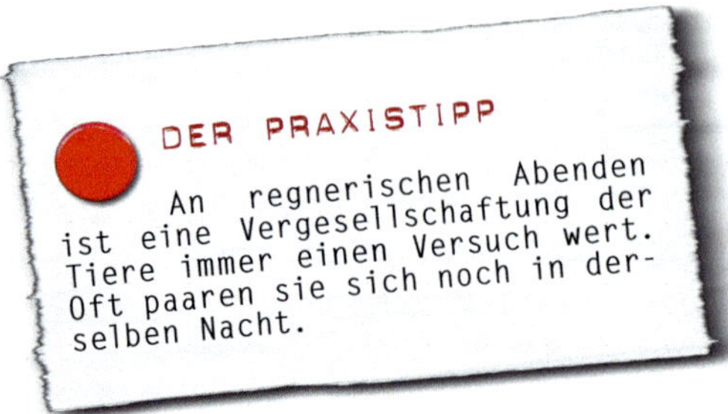

Zuchtreife Männchen stellen als erstes Anzeichen ihrer bevorstehenden Paarungsbereitschaft die Futteraufnahme ein. Vormals gierige Fresser lehnen plötzlich jegliches Futtertier ab. Als Liegeplatz werden nun vermehrt kühlere Bereiche im Terrarium aufgesucht. Männchen verharren gerne an Plätzen, die tagsüber nur noch 25 °C und nachts um 20 °C aufweisen.

Weibchen werden in den gewohnten Intervallen weiterhin gefüttert. Es ist nicht nötig, die Tiere in der Zuchtvorbereitung übermäßig zu füttern. Fette Tiere bringen in der Regel qualitativ schlechtere Gelege hervor.

Die Nachttemperatur im Terrarium kann gezielt etwas gesenkt werden. 2–3 Grad unterhalb der normalen Werte wirken in dieser Phase förderlich für die Zuchtbemühungen, also etwa 20 °C – wohlgemerkt an der kältesten Stelle im Terrarium! Somit kann sich das Männchen gezielt kältere Plätze suchen. Da das Weibchen vielleicht andere Bedürfnisse hat, ist ein großer Temperaturgradient, den ein geräumiges Terrarium bietet, auch hier wieder von Vorteil.

Ein weiterer Auslöser der Paarungen sind die veränderten Luftdruckwerte, die der Wetterumschwung im Herbst mit sich bringt. Regenphasen und Schlechtwetterperioden scheinen ebenfalls als natürliche Trigger zu wirken (pers. Beob.), übrigens am Übergang vom Frühjahr in den Sommer: Frühlingsgewitter können Wunder bewirken!

Ich selbst bediene mich seit über zehn Jahren keinerlei künstlicher Temperaturabsenkungen, um die Paarungsbereitschaft meiner Baumpythons auszulösen. Die Tiere merken bei mir von selbst die Veränderungen der Großwetterlage von Sommer auf Winter. Ich sprühe in der Zuchtphase lediglich etwas ausgiebiger.

Die Häutung eines der Tiere ist noch als günstiger Zeitpunkt zu erwähnen, um ansonsten einzeln gehaltene Partner zu verpaaren. Oft weckt insbesondere die frische Häutung des Weibchens Begierde beim paarungsbereiten Männchen.

Die Paarung

BEIM morgendlichen Kontrollgang findet man das Zuchtpaar zusammengeknäult, mit verdrehten Schwänzen vom Ast hängend bei der Kopulation (Paarung), wie Korkenzieher ineinander verschlungen und die Geschlechtsregionen aufeinandergepresst, jedoch ruhig, ohne jegliche Bewegung. Die Paarung dauert mehrere Stunden, meist bis weit in den Tag hinein. Dieses Schauspiel kann man ab jetzt immer wieder sehen. Pro Saison sind 5–15 beobachtete Paarungen keine Seltenheit.

Das Weibchen speichert das Sperma nun, bis es benötigt wird. Ich hatte schon eine Verpaarung zweier Zuchttiere, nach der die Tiere getrennt wurden – erst sechs Monate später schlüpften die Jungen (pers. Beob. 2013). Sollten sich zwei vergesellschaftete Tiere nicht paaren, sondern aggressiv aufeinander reagieren, sind sie sofort zu trennen. Auch paarungsunwillige Weibchen haben aufdringliche Bewerber

Am Morgen überrascht man oft seine Tiere bei der Paarung, hier *Morelia a. pulcher*

Im Paarungsakt sind die Schwänze eng umschlungen Foto: M. Kroneis

schon schwer verletzt. Verhalten sich die Tiere friedlich, kann man sie auch für die nächste Zeit zusammenlassen, bis sich im Hormonhaushalt Dinge ändern und die Schlangen sich paaren. Man lässt die Partner so lange zusammen im Terrarium, bis sie sich längere Zeit nicht mehr paaren und sichtlich kein Interesse mehr aneinander haben. Dies kann mehrere Monate dauern. Auch Häutungen bremsen unter Umständen den Paarungstrieb, aber hinterher ist die Lust oft wieder neu entfacht.

Trächtigkeit

NACH mehreren Paarungen beobachtet man beim Weibchen eine Umfangsvermehrung in der Körpermitte, denn das Tier bildet als ersten Schritt im Ovar Follikel aus (Ross & Marzec 1994) – ein gutes Zeichen in die richtige Richtung. Man sollte weiterhin die Fütterungsintervalle beibehalten, solange das Weibchen Futter annimmt. Oft ist der Beobachter unsicher, ob er tatsächlich die beschriebene Umfangsvermehrung erkennt. An manchen Tagen nimmt man den Zuwachs mehr wahr als an anderen, je nach Liegeposition des Weibchens und der Verteilung der Eier in der Leibeshöhle.

Optisch verändern sich Weibchen, die mit Follikelbildung beschäftigt sind, spektakulär. Die hormonelle Umstellung bewirkt eine Umfärbung der Schuppen: Mit etwas Glück bilden Exemplare von *Morelia viridis* eine satte stahl-, kobalt- oder kornblumenblaue Grundfärbung aus. Vertreter von *Morelia azurea* hingegen bekommen ein eher verwaschenes Aussehen, bei dem hellblaue und türkise Grundfarben dominieren. Sie lösen den Kontrast der blauen

Die hormonelle Blaufärbung mancher trächtigen Weibchen ist gigantisch anzuschauen, aber leider nicht von Dauer Foto: M. Kroneis

Zeichnungselemente optisch auf (*M. a. pulcher* und *M. a. utaraensis*). Die hormonell bedingt blaue Umfärbung Grüner Baumpythons ist nicht zwingend gegeben, allerdings findet in der Trächtigkeit immer eine optische Veränderung statt, mehr oder weniger ausgeprägt. Nach der Eiablage färben sich die Tiere wieder in ihre ursprüngliche Tracht zurück.

Das trächtige Weibchen wird bei Tag und Nacht vermehrt auf wärmeren Plätzen ruhen. Läuft alles nach Plan, findet die Ovulation statt. Die Follikel werden in die Eileiter geführt und mit dem gespeicherten Sperma befruchtet. Dort werden sie beschalt und können sich bis zur Eiablage weiter entwickeln. Äußerlich ist dieser Vorgang recht gut zu erahnen. Das Weibchen wirkt dabei sehr unruhig und ändert mehrmals täglich seine Ruheposition. Unter Umständen bewegt es sich auf dem Liegeast ständig hin und her. In der Körpermitte ist eine Verdickung zu erkennen, die an ein verschlungenes großes

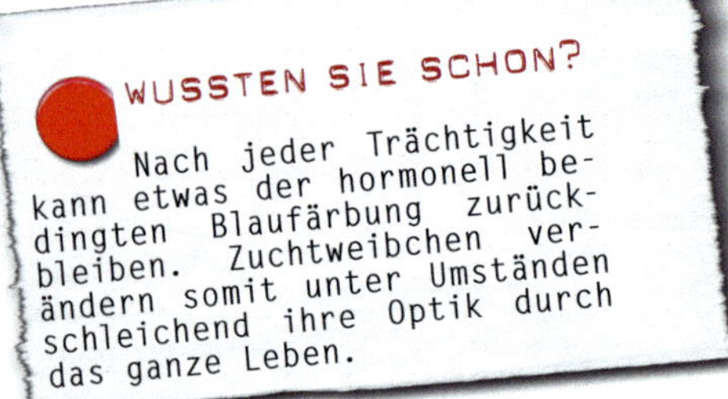

Futtertier erinnert. Dieser Zustand kann mehrere Stunden andauern. Danach liegt das Tier wie gewohnt in typischer Ruheposition.

Jetzt erst kann der Züchter sicher sein, dass der Python trächtig ist. Weibchen in diesem Stadium verlieren oft ihr seidenmattes Aussehen und wirken glänzend, fast wie lackiert (pers. Beob.), ein weiteres untrügliches Zeichen. Sollte das Männchen zu diesem Zeitpunkt noch im Terrarium sein, ist sein Dienst somit definitiv beendet und die Pythons können getrennt werden. Spätestens zu diesem Zeitpunkt wird auch das trächtige Weibchen die Futteraufnahme eingestellt haben. Die Nachttemperatur sollte jetzt bei 24–25 °C gehalten werden, aber wie immer müssen sich die Tiere tagsüber auf Vorzugstemperatur aufwärmen können.

Eiablage

DER Eiablage geht fast immer eine Häutung 14–23 Tage voraus. Nur in den seltensten Fällen werden Eier abgelegt, ohne dass vorher eine Häutung erfolgte. Etwas genauer kann der Zeitpunkt der Ovulation zum Berechnen des Ablagetermins herangezogen werden: 40–50 Tage nach der Ovulation setzen Grüne Baumpythons ihre Eier ab. Die genaue Spanne hängt mit den Haltungstemperaturen und sonstigen Einflüssen zusammen.

Als Ablageort bietet man dem Weibchen nach der Häutung eine Schlupfbox an. Sie sollte

Weibchen mit Gelege in der Schlupfbox
Foto: M. Kroneis

eine Kantenlänge von ca. 25 cm aufweisen, kann aber auch aus einem geräumigen Blumentopf oder Kunststoffeimer gefertigt werden. Dieser Behälter wird mit einem ca. 7–8 cm großen Schlupfloch versehen und mit trockenem *Sphagnum*-Moos ausgepolstert. An erhöhter Stelle angebracht, sollte die Box in den Folgenächten willig angenommen werden. Die Temperatur im Inneren wird dabei konstant auf 28–29 °C gehalten. Meist in den Morgenstunden überrascht man das Weibchen bei der Eiablage. Dieser Vorgang dauert mehrere Stunden. Beendet ist alles, wenn das Weibchen in typischer „Bienenkorboptik" um die Eier gewickelt ruht, mit oben aufgelegtem Kopf.

Bebrütung der Eier

DIE große Entscheidung liegt nun beim Halter, sollte aber vorher schon grob durchdacht sein: Wählt man Naturbrut oder Kunstbrut? Hat das Weibchen die Eier perfekt zu einem hohen Turm aufgestapelt und umwickelt, spricht nichts dagegen, die Schlange selbst brüten zu lassen. Liegt sie eher flach auf den Eiern, deckt diese nicht richtig ab und hat womöglich einige im Schlupfkasten verstreut, würde ich eine Kunstbrut anraten – gerade, wenn man außerdem noch einige unbefruchtete Eier erblickt, sogenannte Wachseier. Der Ausgang der Brut wäre sonst fraglich und diese wahrscheinlich zum Scheitern verurteilt.

DER PRAXISTIPP

Die Kunstbrut ist bei der Eizeitigung von *Morelia viridis* und *Morelia azurea* eine Notlösung, der Naturbrut sollte immer Vorrang gewährt werden, wenn das Weibchen gut „sitzt". Gerade der Einsteiger wird mithilfe des Weibchens in der Naturbrut bessere Chancen haben, die Eier zu zeitigen, als bei einem Versuch mit dem Inkubator. Keiner brütet besser als das Weibchen!

Naturbrut

ES gibt nur drei Faktoren, die bei einem brutwilligen Weibchen den Ausgang des Brutvorgangs beeinflussen: die Temperatur in der Nistbox, die Luftfeuchte und Ruhe. Alle drei

Parameter sind recht gut kontrollierbar. Durch den Einsatz von Heizquellen wie Strahler, Heizkabel oder Heizmatte kann eine lokale Temperatur in der Nisthöhle von 28–29 °C geschaffen werden, ohne Nachtabsenkung. Diese Werte stellt man natürlich schon sicher, wenn man die Nistbox anbringt. Die genannte Temperaturspanne reicht aus, um dem Weibchen einen geeigneten Rahmen für sein Brutgeschäft zu schaffen.

Durch Muskelkontraktionen hält das Muttertier die Zieltemperatur von ca. 31 °C aufrecht. In Intervallen pulst es dadurch die Eitemperatur auf den Sollwert und isoliert durch seine Körperschlingen das Gelege gegenüber Umwelteinflüssen. Das Weibchen beschützt und bebrütet die Eier gleichermaßen. Fällt die Gelegetemperatur bis an das Minimum, beginnt der Zyklus der Muskelkontraktionen erneut, bis wieder die optimalen Werte herrschen.

Die Luftfeuchte hält man im Terrarium die ganze Zeit über recht hoch. Sie sollte 80 % nicht unterschreiten. Von einer stetigen Staunässe ist allerdings abzuraten, da sie das brütende Weibchen schädigt (pers. Beob.).

Bis zum Schlupf benötigen die Jungtiere 49–50 Tage. Dieser kündigt sich durch nervöses Verhalten des Weibchens und Öffnen der Körperschlingen an. Der Schlupf zieht sich über 36–48 Stunden hin. Die Jungen verlassen, vor allem in den Nächten, nach und nach die schützende Bruthöhle, zu guter Letzt gefolgt vom Muttertier. Weibchen wird im Anschluss eine Brutpause von 2–3 Jahren gegönnt. Das Brutgeschäft verlangt dem Tier viel Körpersubstanz ab und es sollte hinterher wieder langsam und schonend aufgebaut werden.

Weibchen des Nördlichen Grünen Baumpythons auf seinen frisch gelegten Eiern Foto: M. Kroneis

Kunstbrut

SOLLTE aus triftigen Gründen eine Kunstbrut angestrebt werden, muss das Szenario der Naturbrut bestmöglich kopiert werden, um eine gute Schlupfrate zu erzielen. Grundvoraussetzung ist ein Inkubator. Nach heutigem Standard werden Motorbrüter mit Dimm- und Pulsfunktion verwendet. In Kombination mit einem Lüfter sorgen sie für ein gleichmäßiges Klima im Brutraum.

Das Trennen des Weibchens vom Gelege muss beherzt geschehen. Das Muttertier wird mit einem Handtuch abgedeckt und zügig vom Gelege gewickelt. Die Eier werden anschließend, ohne die Lage zu verändern, in Kunststoffbehälter von ungefähr 20–25 cm Kantenlänge überführt. Darin können die Eier in Brutsubstrat wie Vermiculit gezeitigt werden. Da die Eier Grüner Baumpythons jedoch extrem empfindlich gegenüber Nässe sind, beschreibe ich die Zeitigung in Substrat nicht. Es bedarf nämlich großer Erfahrung und viel Fingerspitzengefühls, um den Feuchtigkeitsgehalt im Substrat korrekt zu halten. Kleinste Fehler während der Brutzeit besiegeln das Ende des Geleges.

Es ist also viel ratsamer, die Eier auf einem Gitter zu zeitigen, ohne Substrat, in feuchtigkeitsgesättigter Luft, aber ohne direkten Kontakt zu Wasser (KÖHLER 2004). Es wird im unteren Drittel der Brutdose angebracht. Darunter füllt man 2–3 cm hoch temperiertes Wasser ein. Die dicht verschlossenen Boxen werden in den Inkubator überführt. Dieser sollte im Vorfeld schon einige Tage eingelaufen sein. Die Brutdauer liegt, je nach Bruttemperatur, bei 49–55

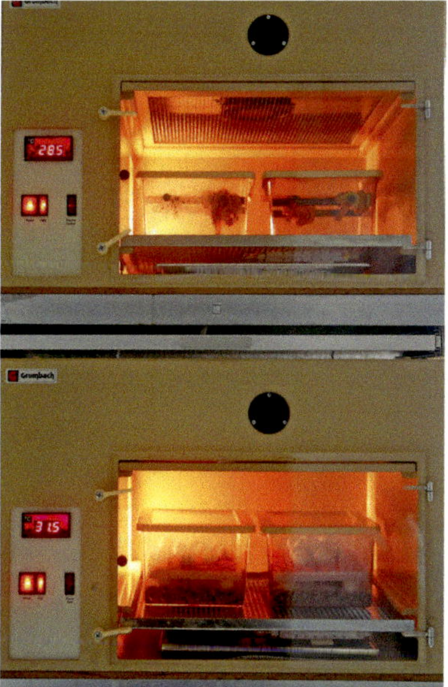

Moderner Inkubator mit Brutboxen aus Kunststoff. Ohne Substrat zu brüten, ist sicherer für Einsteiger, wenn aus triftigen Gründen künstlich gezeitigt werden muss
Foto: M. Kroneis

Ein bunter Haufen *Morelia a. pulcher* ist über Nacht geschlüpft. Stimmen alle Parameter, beginnt an Tag 49–50 der Schlupfvorgang. Foto: M. Kroneis

Tagen. Wo genau das Optimum der Bruttemperatur liegt, ist umstritten. Sie sollte sich im Rahmen zwischen 30,5 und 31,5 °C bewegen. Bei Gelegen brütender Weibchen wurden Temperaturen zwischen 31,0 und 32,0 °C mittels Datenlogger ermittelt (Kroneis 2017). In der letzten Woche kann man die Temperatur um 1–2 Grad absenken.

DER PRAXISTIPP

Nasses Vermiculit unter dem Gitter der Brutbox gibt aufgrund der großen Oberfläche viel Feuchte an die Luft ab. Gleichzeitig verhindert es das Umherschwappen von Wasser in der Box bei Kontrollarbeiten. Es ist also eine hervorragende Alternative zu offenem Wasser in der Kunststoffdose.

Belüftet wird das Gelege durch einfaches Abheben des Deckels. Anfangs sollte dies nur hin und wieder geschehen, zum Schlupftermin täglich. Dabei wird immer der Deckel von Kondenswasser befreit, damit es nicht auf die empfindlichen Eier tropfen kann.

Ritzt das erste Jungtier sein Ei an, wird das Wasser in der Dose entfernt und durch feuchtes Küchenkrepp ersetzt. Darauf kommt das Kunststoffgitter mit den Eiern. Dieser Schritt verhindert, dass Schlüpflinge eventuell eine Lücke zwischen Gitter und Box finden, ins Wasser fallen und ertrinken.

Über den Eiern werden einige bleistiftdicke Stäbe installiert,

die den Schlüpflingen direkt als Liegeplatz dienen. Es ist nicht nötig, Schlupfhilfe zu leisten und Eier mit der Schere zu öffnen. Vitale Jungtiere schlüpfen in den nächsten 2–3 Tagen selbstständig aus ihren Eiern. Sollte ein Jungtier im Ei verbleiben, hat dies meist schwerwiegende Gründe (Kroneis 2012). Von einem routinemäßigen Anschneiden schlupfreifer Eier rate ich ab. Die Jungschlangen werden umgehend abgesammelt und einzeln in Aufzuchtterrarien überführt.

Aufzucht der Jungtiere

DIE Haltungstemperatur in den Aufzuchtterrarium sollte nicht ganz so hoch gewählt werden wie bei adulten Tieren. 28–29 °C maximale Tagestemperatur reichen für die dünnhäutigen Schlüpflinge völlig aus. Die Nachttemperaturen können auf 23–24 °C sinken. Die Liegeäste sind auch hier dünn zu wählen, Bleistiftdicke ist angemessen.

Die Jungen werden täglich mit handwarmem Wasser übersprüht. Nach zwei Wochen erfolgt die erste Häutung. Danach wird erstmals Futter angeboten. Kurz vor Erlöschen der Beleuchtung am Abend wird eine eingefrorene

Jungtier des Nördlichen Grünen Baumpythons inmitten der Umfärbung Foto: M. Kroneis

nestjunge Futtermaus in warmem Wasser aufgetaut. Mit einer langen Pinzette wird der Nager angeboten. Mit Glück fressen einige Tiere direkt, die Mehrzahl wird jedoch leider beim ersten Versuch kein Futter annehmen. Das ist völlig normal. Jetzt gilt es, Geduld zu bewahren und zweimal pro Woche einen neuen Versuch zu starten. Nicht öfter! Stress ist kontraproduktiv.

Oft bringt es spontanen Erfolg, die Fütterungsversuche auf die erste Stunde Tageslicht zu verlegen (pers. Beob.). Nach einigen Wochen sollten alle Schlüpflinge Futter annehmen. Tiere, die nach zwei Monaten immer noch nicht gefressen haben, müssen zwangsernährt werden. Da dies ein sehr heikler Eingriff ist, erkläre ich das genaue Vorgehen hierzu nicht. Dazu holt man sich als Einsteiger besser Unterstützung bei einem geübten Halter, um die fragilen Jungtiere nicht zu verletzen. Nach einer Unterweisung ist diese Prozedur dann auch für einen Anfänger gut umzusetzen. Sind die Jungtiere erst einmal an das angebotene Futter gewöhnt, erweisen sie sich als gierige Fresser und vollkommen problemlos in der weiteren Aufzucht.

Probleme und Krankheiten

DA eine Auflistung aller möglichen medizinischen Probleme in der Haltung Grüner Baumpythons den Rahmen dieses Buches sprengen würde, werde ich nur grob die gängigsten ansprechen. Es ist dringend zu raten, sich spezielle Fachliteratur zu beschaffen (z. B. Köhler 1996, Jarofke & Lange 1993) und sich bereits beim Erwerb der Schlange nach einen reptilienkundigen Tierarzt umzusehen. Ich werde hier keine Medikamente oder Dosierungen empfehlen. Bei Auffälligkeiten sollte stets ein erfahrener Halter oder ein reptilienkundiger Veterinär zu Rate gezogen werden. Gerade der Umgang mit Antibiotika sollte nur durch einen Veterinär erfolgen. Dies muss gezielt und keinesfalls auf Verdacht geschehen.

Viele Probleme nach Erwerb eines gesunden Grünen Baumpythons sind leider selbst verschuldet, durch falsche Haltung. Gerade Einsteiger neigen dazu, die Tiere zu nass zu halten und dauerhaft zu warm, bei übertriebenem Futterangebot, oft in Kombination mit Stressfaktoren jeglicher Art:

ein Nährboden sämtlicher Krankheiten. Bei artgerechter Haltung, wie ich sie hier in diesem Ratgeber beschrieben habe, kommt es dagegen nur sehr selten zu gesundheitlichen Problemen.

Häutungsschwierigkeiten können als Ergebnis zu trockener Haltung auftreten. Die Schlange häutet sich in Fetzen. Meist ist die Ursache einfach abzustellen: In der Häutungsphase einfach etwas mehr Wasser versprühen, Terrarientemperatur und Größe der Lüftungsflächen genauer unter die Lupe nehmen. Oft ist der Luftdurchsatz zu groß und die Schlange dehydriert. Besonderes Augenmerk ist den Augen und der Schwanzspitze zu widmen. Diese Bereiche sollten zur Not manuell mit etwas Feingefühl von der alten Haut befreit werden, um keine Folgeprobleme zu provozieren. Bei etwas feuchterer Haltung im nächsten Häutungsintervall werden verbliebene Reste einfach mit abgestreift.

Verletzungen kommen hin und wieder vor, etwa durch unsachgemäß befestigte Gegenstände oder ungeschützte Licht- und Wärmequellen, aber auch durch Bisse von lebend verabreichten Futtertieren – schon alleine deshalb sind aufgetaute Futtertiere immer zu bevorzugen. Handelt es sich um kleine Wunden, sind diese zu reinigen und in den nächsten Tagen genau zu beobachten. Trocknen sie sauber ab und verkrusten, wird nach mehreren Häutungen kaum noch was zu sehen sein. Sollte die Wunde hingegen anfangen zu nässen, muss ein Tierarzt hinzugezogen werden, da einem bakteriellen Befall durch gezielte Antibiose entgegengetreten werden muss.

Atemwegsinfektionen gehören zu den verbreitetsten Krankheiten bei *Morelia viridis* und *Morelia azurea*, verursacht durch schlechte Lüftungsverhältnisse, stetig suboptimale Haltungstemperaturen, zu feuchtes Klima und/oder Viren. Den meisten Auslösern können wir entgegenwirken, indem wir die Haltungsbedingungen kritisch überprüfen und optimieren. Das Anheben der Grundtemperatur auf ca. 30 °C mit nur leichter Nachtabsenkung kann Wunder wirken.

Atemwegserkrankungen sind allerdings stets kritisch zu betrachten. Sollte nicht unmittelbar eine Besserung eintreten, wird ein fachkundiger Veterinär hinzugezogen. Er bestimmt das weitere Vorgehen und leitet unter Umständen eine Antibiotikabehandlung ein. Bei Viren helfen Antibiotika allerdings nicht, es gibt dagegen keine Therapie. Darunter fällt auch das relativ neu entdeckte Nidovirus (STENGLEIN 2014). Wie auch andere Viren des Respirationstraktes kann dieses Virus zu ernsten klinischen Symptomen führen. Stress scheint auch hier eine Hauptursache zu sein. Virus-positive Tiere bilden unter optimalen Bedingungen oft keine klinischen Symptome aus und leben unauffällig. Inwieweit dem Virus gesonderte Beachtung geschenkt werden muss, wird erst die Zukunft zeigen. Aktuell sind die Zusammenhänge und klinischen Symptome zu variabel und zu wenig erforscht, um eine verbindliche Aussage zu treffen.

Zurückgebliebene Eier sind biologische Zeitbomben im Körper eines Baumpythons
Foto: M. Kroneis

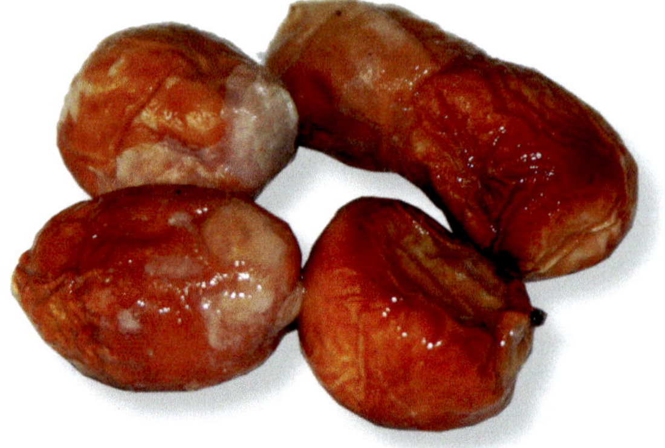

Legenot kann bei trächtigen Tieren vorkommen. In der Regel stimmen die Temperaturen oder die Position der Bruthöhle nicht mit den Bedürfnissen des Weibchens überein. Das hochträchtige Tier zieht unermüdlich durch das Terrarium, immer auf der Suche nach einem geeigneteren Ablageort. Sollte es keinen finden, werden die Eier im günstigsten Fall einfach von der Ruheposition aus fallen gelassen. Das Gelege ist verloren, dem Tier geht es aber hinterher gut.

Anders sieht es aus, wenn das Weibchen nicht ablegen kann, z. B. weil ein oder mehrere unbefruchtete Eier die Passage durch die Eileiter blockieren. Auch ein zurückgebliebenes Ei aus einer vorangegangenen Trächtigkeit kann dies bewirken, einseitig oder in beiden Eileitern. Durch Pressen werden in schlimmen Fällen die Eileiter mit ausgestülpt (Eileiterprolaps).

Sollte ein Weibchen 55 Tage nach der Ovulation oder 25 Tage nach der Postovulationshäutung nicht abgelegt haben, sollte zwingend ein reptilienkundiger Tierarzt hinzugezogen werden, der die Ablage einleitet bzw. die Eier mechanisch entfernt.

Darmvorfall ist das Ausstülpen des Enddarmes aus der Kloake, der sogenannte Prolaps. Bei Jungtieren, manchmal auch bei Adulten kann dies hin und wieder vorkommen. Unter Baumpythonhaltern werden seit jeher die Ursachen diskutiert. Was bei Schlüpflingen sicher einen Darmvorfall fördert, ist die Fütterung mit zu großen Futtertieren. Auch eine zu hohe Haltungstemperatur, die den Stoffwechsel stark ankurbelt, kann Auslöser sein. Maximaltemperaturen von 28 °C bei Tag und 23 °C in der Nacht bremsen die Verdauung etwas. Der abgesetzte Kot wird dadurch fester und der Pressreiz vermindert. Somit wird der Enddarm nicht „versehentlich" mit aus der Kloake gedrückt (pers. Beob.).

Mit zunehmendem Alter sinkt das Risiko, aber auch adulte Tiere können darunter leiden, etwa bei zu trockener Haltung oder Wirbelsäulendislokationen an der Schwanzwurzel. Der ausgestülpte Darm muss in jedem Fall schnellstmöglich wieder in die Ausgangsposition gebracht werden. Das mechanische Zurückschieben sollte unbedingt von einem erfahrenen Halter oder einem Veterinär durchgeführt bzw. überwacht werden, um keine größeren Schäden zu verursachen. Bis zum Eintreffen der Unterstützung ist der ausgestülpte und angeschwollene Enddarm durch regelmäßiges Besprühen mit warmem Wasser zwingend feucht zu halten, um ein Absterben des Gewebes zu verhindern.

Wirbelsäulendislokationen sind optisch sicht- und ertastbare Verkrümmungen der Wirbelsäule. Diese können vor dem Schlupf durch Brutfehler oder im Lauf des Lebens entstehen und dann auch selbst erworben werden, meist durch heftiges Beuteschlagen. Auch übergewichtige Weibchen bilden häufiger solche Makel aus. Sind es nur kleine Verwachsungen der Wirbel und behindern sie das Tier nicht, kann dies als Schönheitsfehler abgetan werden (Kroneis 2014). In schwerwiegenderen Fällen könnten eine erfolgreiche Paarung oder ein Prolaps beim Absetzen von Kot zum Problem werden. Dann sollte das Tier einem Veterinär vorgestellt werden, um weitere Schritte zu besprechen.

Maulfäule (Stomatitis) ist direkt durch rotes und geschwollenes Zahnfleisch mit vermehrter, käsiger Schleimbildung zu erkennen. Auslöser ist oft eine Kombination aus Stress und suboptimaler Hal-

Es ist unumgänglich, Kontakt, zu erfahrenen Haltern und Züchtern aufzubauen, um sich bei Problemen Rat holen zu können. Auch qualitativ hochwertige Fachliteratur sollte selbstverständlich zur Hand sein. Bei schwerwiegenden gesundheitlichen Störungen der Pythons muss jedoch umgehend ein fachkundiger Tierarzt aufgesucht werden.

tung. Dieser Zustand lässt vorhandene Bakterien im Maul sich explosionsartig vermehren. Das Abschlucken und Einatmen der Einzeller kann eine Lungenentzündung hervorrufen.

Bei Anzeichen einer Stomatitis sollte ein Abstrich gemacht werden, um unter tierärztlicher Aufsicht ein geeignetes Antibiotikum verabreichen zu können. Auch an Futtertieren haftendes Substrat kann eine Maulfäule verursachen, wenn Fasern und Partikel zwischen den Zähnen verbleiben. Unentdeckt reizen sie das Zahnfleisch, bilden Bakterienherde und schwächen das Tier.

Zecken und Milben werden meist auf frisch importierten Tieren eingeschleppt. Da wir heute fast ausschließlich auf in Terrarienhaltung gezüchtete Tiere zurückgreifen können, sind diese Plagegeister kein größeres Problem mehr. Tauchen doch wider Erwarten Außenparasiten auf, ist ein Tierarzt zu kontaktieren, um ein geeignetes Präparat zur Bekämpfung zu beziehen. Unbedingt an Dosierungsvorschriften und Anwendungsbeschreibung halten! Das komplette Terrarium und die Tiere müssen behandelt werden, oft mehrmals.

Innenparasiten sind wesentlich schwieriger zu bekämpfen. Flagellaten, Amöben, Kryptosporidien oder Kokzidien haben gemeinsam, dass sie das Tier schwächen und sich über den gesamten Bestand verbreiten können. Befallene Schlangen erbrechen oft ihr Futter oder setzen auffälligen, meist dünnflüssigen Kot ab. Hier gilt es, Kotproben untersuchen zu lassen, um die Ursache genau einkreisen zu können und gegebenenfalls ein passendes Antibiotikum zu verabreichen, natürlich in Absprache mit einem reptilienkundigen Tierarztes. Würmer verschiedener Arten können ebenfalls im Kot nachgewiesen werden. Je nach Art und Befall werden Anthelminthika vom Veterinär bereitgestellt, die in der Regel oral verabreicht werden und gute Ergebnisse erzielen.

Danksagungen

DURCH viele Jahrzehnte im gemeinsamen Hobby begleiten mich nun schon die teils ernüchternden, teils lehrreichen Worte meines Freundes Klaus Ecker, eines Urgesteins der Terraristik. Ich möchte Dir auf diesem Wege danken!

Das heutige Wissen und die Erfolge bei artgerechter Haltung und Pflege Grüner Baumpythons in Deutschland wären nicht möglich gewesen ohne die Pionierarbeit meines Freundes Markus Weier, stets ein fachlich versierter Ratgeber, ein Fels in der Brandung. Vielen Dank auch Dir!

Unsere DGHT-Ortsgruppe Saar/Pfalz ist ein kompetenter Kreis erfahrener Halter verschiedenster Terrarientiere auf hohem Niveau. Herzlichen Dank Euch allen, im Speziellen Steven Arth, der mir das Verfassen dieses Buchs anvertraute, nachdem sein eigenes Werk zum Thema ausgelaufen war.

Justin Julander danke ich für stetig kompetente Ratschläge und seine Naturaufnahmen aus der Iron Range, Daniel J. Natusch für seine Fotos von der Insel Biak, seine umfangreichen Feldstudien und wichtige Infos zu Grünen Baumpythons im Habitat.

Dank gilt auch meinem alten Freund Thomas Gehr mit *Corallus batesii*, Arno van Zon und Patrick Holmes für ihre Bildbeiträge.

Viel Freude und Erfolg mit Ihren Grünen Baumpythons! Foto: M. Kroneis

Weitere Informationen

Vereine und Interessengruppen

Deutsche Gesellschaft für Herpetologie und Terrarienkunde (DGHT e. V.; www.dght.de) ist die weltweit größte Gesellschaft ihrer Art und bringt Wissenschaftler, Hobbyherpetologen und Terrarianer zusammen.
Innerhalb der DGHT existiert die AG Schlangen, die sich auch mit Grünen Baumpythons beschäftigt und jährliche Fachtagungen veranstaltet.

Zeitschriften

- REPTILIA
Terraristik-Fachmagazin
Natur und Tier - Verlag GmbH
An der Kleimannbrücke 39/41
48157 Münster
Tel.: 0251-133390
E-Mail: verlag@ms-verlag.de

Untersuchungsstellen

Kotproben, Sektionen und andere Untersuchungen können von spezialisierten Tierärzten oder von veterinärmedizinischen Untersuchungsstellen, die es in vielen Städten gibt, vorgenommen werden. Eine Liste mit Tierärzten, die sich mit Reptilien und Amphibien beschäftigen, kann über die DGHT bezogen oder auf www.dght.de eingesehen werden.

Überregional bekannt sind z. B. folgende Einrichtungen:

- exomed (www.exomed.de)
- LABOKLIN (www.laboklin.de)
- Landesbetrieb Hessisches Landeslabor (www.lhl.hessen.de)

Kontakt zum Autor

E-Mail:
info@festland-baumpythons.de

Web:
www.festland-baumpythons.de

Artenschutzfragen

- Bundesamt für Naturschutz
Artenschutzvollzug
Konstantinstr. 110
53179 Bonn
Tel.: 0228-8491-1311
E-Mail: citesma@bfn.de
www.bfn.de

Weiterführende und verwendete Literatur

HOFFMAN, M. & M. MOTZ (2011): Grüner Baumpython - *Morelia viridis*. – Natur und Tier - Verlag, Münster, 263 S.

JAROFKE, D. & J. LANGE (1993): Reptilien – Krankheiten und Haltung. – Paul Parey Verlag, Berlin, 188 S.

KIVIT, R. & S. WISEMAN (2005): Grüner Baumpython und Grüne Hundkopfboa. – Kirschner und Seufer Verlag, Keltern-Weiler, 126 S.

KÖLLE, P. (2004): Schlangen. – Kosmos Verlags-GmbH, Stuttgart, 117 S.

KRONEIS, M. (2010): Der Grüne Baumpython - Terrarienanlage und Technik. – TERRARIA/elaphe 23: 14–28.

– (2010): Der Grüne Baumpython - Durch Naturbrut zum Erfolg. – DRACO 44: 38–59.

– (2012): Der Grüne Baumpython – vom mysteriösen Absterben schlupfreifer Jungtiere. – TERRARIA/elaphe 36: 33–42

– (2014): Knickschwänze beim Grünen Baumpython (*Morelia virdis*) - ein hausgemachtes Problem?. – REPTILIA (D) 106: 50–57.

(2017): Der Grüne Baumpython - Anmerkung zur korrekten Bruttemperatur. – REPTILIA (D) 127: 30–40.

KÖHLER, G. (2004): Inkubation von Reptilieneiern. – Herpeton Verlag, Offenbach, 254 S.

– (1996): Krankheiten der Amphibien und Reptilien. – Ulmer Verlag, Stuttgart, 168 S.

MENSE, M. (2006): Rautenpythons – *Morelia bredli*, *Morelia carinata* und der *Morelia-spilota*-Komplex. – Natur und Tier – Verlag, Münster, 207 S.

NATUSCH, D.J.D., D. ESQUERRE, J.A. LYONS, A. HAMIDY, A.R. LEMMON, E.M. LEMMON, A. RIYANTO, J.S. KEOGH & S. DONNELAN (2020): Species delimitation and systematics of the green python (*Morelia viridis* complex) of Melanesia and Australia. – Moelecular Phylogenetics and Evolution 142: 1–13

RAWLINGS, L. & S. DONNELAN (2003): Phylogeographic analysis of the Green Python, *Morelia viridis*, reveals cryptic diversety. – Molecular Phyliogenetics and Evolution (27): 36–44.

–, D. RABOSKY, S. DONNELLAN & M. HUTCHINSON (2008): Python phylogenetics inference from morphology and mitochondrial DNA. – Biological Journal of the Linnean Society 93: 603–619.

ROSS, R. & G. MARZEC G. (1994): Riesenschlangen – Zucht und Pflege. – bede Verlag, Ruhmannsfelden, 245 S.

SWITAK K.H. (1975): Der Grüne Baumpython aus dem Land der Menschenfresser. – Aquarien Magazin 9: 366–372.

– (2006): Adventures in Green Python Country. – Natur und Tier - Verlag, Münster, 363 S.

WEIER, M. (2021): Der Grüne Baumpython. – Herpeton Verlag, Offenbach, 142 S.

– (2005): Naturbrut mit 100 Prozent Schlupfrate bei *Morelia viridis*. – elaphe 13: 31–40.

WILSON, D. (2011): On green pythons - The conservation and ecology of *Morelia viridis*. – Lambert Academic publishing, Saarbrücken, 104 S.

Bücher für Ihr Hobby

Grüner Baumpython – *Morelia viridis*

Marcel Hoffmann & Markus Motz
264 Seiten, 123 Fotos
Format: 17,5 x 23,2 cm, Hardcover
ISBN: 978-3-86659-099-1, € 39,80

Grüne Baumpythons bestechen nicht nur durch ihre atemberaubende Schönheit, sondern auch durch ihr hochinteressantes Verhalten und sind deshalb die absoluten Traumschlangen vieler Terrarianer. In diesem Buch gehen die Autoren, beide langjährig erfahrene Experten, ausführlich auf die artgerechte Haltung und erfolgreiche Nachzucht der faszinierenden Tiere ein.
Das unentbehrliche Standardwerk für alle, die Grüne Baumpythons pflegen möchten oder schon besitzen.

Adventures in Green Python Country

Karl-Heinz Switak
364 Seiten, 123 Fotos
Format: 17,5 x 23,2 cm, Softcover
ISBN: 978-3-937285-82-5, € 39,80

„Adventures in Green Python Country“ is the intriguing scientific adventure story of herpetologist Karl-Heinz Switak and his search for the elusive green tree python, one of the world's most sought-after snakes. It is found primarily on the mysterious and beautiful island of New Guinea, where it thrives from the sea level to fog-enshrouded mountain tops. Not only does Switak handle many deadly and venomous serpents with his bare hands, he also does this in one of the least traveled, most pristine jungles in the world - in the dark, steamy heart of Papua, well-known for the cannibalism practicated by some of its indigenous tribes.

Natur und Tier - Verlag GmbH
An der Kleimannbrücke 39/41 · 48157 Münster
Telefon: 0251 - 13339-0 · Fax: 0251 - 13339-33
E-Mail: verlag@ms-verlag.de

www.ms-verlag.de